你只管努力，
其他交给天意

乐道 著

吉林文史出版社
JILIN WENSHI CHUBANSHE

图书在版编目（CIP）数据

你只管努力，其他交给天意 / 乐道著. -- 长春：
吉林文史出版社,2019.3

ISBN 978-7-5472-6056-2

Ⅰ.①你… Ⅱ.①乐… Ⅲ.①人生哲学—通俗读物
Ⅳ.①B821-49

中国版本图书馆CIP数据核字(2019)第047732号

你只管努力，其他交给天意

出 版 人　孙建军
著　　者　乐　道
责任编辑　弭　兰　杨　卓
封面设计　韩立强
出版发行　吉林文史出版社有限责任公司
地　　址　长春市福祉大路出版集团A座
网　　址　www.jlws.com.cn
印　　刷　北京楠萍印刷有限公司
版　　次　2019年3月第1版　2019年3月第1次印刷
开　　本　880mm×1230mm　　1/32
字　　数　140千
印　　张　8
书　　号　ISBN 978-7-5472-6056-2
定　　价　38.00元

前　言

　　有的人很幸运，天生就拥有别人奋斗一辈子都得不到的东西：美丽的容貌、聪明的头脑、过人的天赋、高贵的出身、雄厚的背景，好一个天之骄子！

　　有的人很不幸，就连吃饱穿暖都是一种奢侈，甚至可能天生就"低人一等"，这种"低"不是自尊或灵魂的"低"，而是客观条件的"低"，比如不够聪慧的头脑、不够灵活的四肢，甚至是不够完整的感官。

　　还有更多的人很平凡，智商够得上标准线，容貌达到普通值，不算富贵，也说不上穷困，丢到人群里也溅不起什么"水花"。

　　有人觉得生活没有希望，因为光是那些先天的差距，就足以让人绝望。诚然，在这个世界上，总有一些人，是你拼尽全力都无法追赶上的，是你用尽力气都无法与之并肩的，可那又怎么样呢？唯有努力做好自己，那就无悔，何必非要盯着别人的成就？

　　人这一生，最重要的，是做出一点儿让自己满意的事情，不求什么惊天动地，只要无愧于己，无愧于心，人生便是无悔的，便是精彩的。努力不一定能让你所向披靡，付出也不一定就能收获成功，但只要你肯努力，只要你坚持不放弃，那么人生就一定会有转机，有希望，至少明天一定会比今天更好。人生短短数十年，既然能来这世上走一遭，那就一定要对得起这个过程，莫负好时光。你只管用尽全力去奔跑，其他的都交给天意就好！

　　努力不一定就能成功，但不努力，你的人生一定只会更加费力。

生活本就是件不容易的事，有人选择努力，有人选择放弃，不同的选择，也将铸就不同的未来。只要拼尽全力，不管结果如何，至少我们都不会有遗憾和后悔。倘若连尝试的勇气都没有就轻易放弃，那么未来的生活即使再不如意，我们也只能责怪自己。

其实，努力从来都只是自己的事，我们努力，为的不是别人，而是成就更好的自己，成就更好的未来，只有让自己足够强大，我们才不会在面对生活时无能为力，也才能有底气做最真实的自己。

人生不怕起点低，就怕没追求、不努力。若是连你自己都已经放弃，那么还有谁能替你遮风挡雨？真正的绝望不是人与人之间的差距或身份地位造成的沟壑，而是心理上的放弃，当你觉得生活没有希望的时候，那才是你人生最大的绝望。

生活从来就没有绝境，不管你走哪条路，只要肯努力，就一定能找到属于自己的出路。

那位做老师的朋友，认真备课，无私付出，为自己赢得了"最佳教师"的称号；

那位卖烧烤的邻居，努力钻研厨艺，认真做好经营，终成了当地的烧烤连锁大王；

那个做蛋糕的姑娘，不断学习，不断研究，在厨艺大赛上脱颖而出，一举成名；

那个喜欢唱歌的小伙儿，在酒吧、地铁站、广场车站，唱着一首首自己的歌，一步步踏上音乐的舞台；

还有那个曾经跑过龙套的影帝，那个被评为劳模的清洁工……

或许不管你怎么努力，都不可能像比尔·盖茨那样富有，无法如爱因斯坦那样伟大，但这又有什么关系呢？至少你突破了自己，做到了最好，把自己的价值发挥到了极致，这比什么都强，这就是属于你的成功。你只管努力就好，其他都交给天意，天道酬勤，它一定会还你一个公平！

目　录

PART 1 / 深山的野花，
即便无人欣赏，也在芬芳

鹰击长空，不需要别人鼓掌，也依旧任性飞翔；鱼翔浅底，哪怕没有鲜花，也可以肆意遨游。人也当如此，哪怕无人理解，无人认可，但只要无愧于心，就应当努力活出自己的样子，就像那深山中的野花，即便无人欣赏，也仍在芬芳。人生苦短，既然选择了在这世上走一遭，那就一定要活得漂亮！

你就是你，没有人能够代替你

德国哲学家莱布尼茨曾经说过："世界上没有两片完全相同的树叶。"其实不只是树叶，人也是如此。每一个生命都以独特的姿态存在着，展示着自己独特的个性，具有自己独一无二的意义。

生活中，人们总会或多或少地拿自己和别人相互比较。善于和别人比较，可以帮助我们发现自己和他人的差距，激发自己的上进心，不断地提升自己。如果胡乱对比，总想成为第二个谁，最后就会给我们带来巨大的挫伤和打击。

学生时代的恩雅是个内向而朴素的女孩，尤其是在人际关系方面，她总是表现得有些自卑，虽然很多朋友都一直鼓励她，告诉她其实她很优秀，但她却始终把自己藏在自卑的阴影里。

毕业之后，恩雅就回了老家，由于工作繁忙，和曾经的很多同学都已经许久不曾联系，大家也只是依稀听说她已经结了婚，嫁给了一个比自己年长几岁的男人。恩雅的婆家据说是个平稳而自信的家庭，他们的一切优点在恩雅身上似乎都无法找到。

以前认识恩雅的人都难以想象，像恩雅那样一个自卑而又敏感的人，嫁入那样的家庭，该怎样去生活。

在一次同学聚会上，很久没有消息的恩雅出现了，她的改变实在令人惊讶。她还是和从前一样，身材微胖，和时下流行的"瘦麻秆"式的漂亮完全不同。在学生时代，她曾一度因为自己的身材而陷入自卑，只肯穿那些宽大得像麻袋一样的衣服来遮掩自己的"缺陷"。但现在，她似乎已经完全不介意了，她穿上了合身的套装，脸上还化了淡妆，虽然不瘦，但整个人看上去神采奕奕，漂亮多了。她微笑着和以前的老同学打招呼，周身都洋溢着快乐的味道，再也不复从前的局促和瑟缩。

那一天，大家聊了很多，从学生时代的种种趣事，聊到了毕业之后大家各自的生活，自然也聊到了恩雅的改变。

恩雅说："事实上，刚结婚的时候，我过得并不快乐，当然，这并不是我丈夫的错，他们一家人对我都非常好，由于我太自卑了，总想尽可能地做得像他们一样好，但总是事与愿违，不是表现得太活跃，就是感到无比沮丧。那时候，我认定自己是个失败者，变得喜怒无常，甚至想到了自杀……

"后来，是我的婆婆改变了我，她发现了我的问题，在某天下午，她把我叫到客厅，陪她一块儿喝茶。后来我们聊起了她带孩子的经历，她对我说：'无论发生什么事，我都坚持一点儿，那就是让他们坚持做自己。'那一刻，我突然觉得眼前豁然开朗。为什么我非要强迫自己去学习别人呢？为什么我非要因为自己在某些方面比不过别人而感到自卑和痛苦呢？为什么我不能做真正的自己呢？"

在那之后，恩雅的身上开始发生改变，她开始寻找自己的个性，观察自己的特征，注意自己的外表、风度，挑选适合自己的衣服，甚至试着参加了一些兴趣小组的活动……这些完全是之前的恩雅不会去做的事情。

于是，大家终于看到了如今出现在他们面前的、快乐而自信的恩雅。看着她脸上灿烂的笑容，每个人心中都有些触动。无论发生什么事，都要坚持做自己——铭记这一点，或许就能在人生的道路上，无论走到哪里，都不忘初心。

　　对于个人来说，保持本色才是最大的成就，一个人只有找到自己的价值，才能培养起真正有底气的自信。我们是自己人生唯一的主角，不可能成为别人，更没有必要去成为别人，所以，不要浪费一秒钟为自己不是别人而苦恼，保持自我本色和自我风格，充分展示和发扬你的自信，你才能真正主宰自己的命运。

　　正如阿伦·舒恩费教授所说的："对于这个世界来说，你是全新的，以前没有过，从天地诞生那一刻一直到现在，都没有一个人跟你完全一样，以后也不会有，永远不可能再出现一个跟你完完全全一样的人。"

　　这一点，相信Cahill小姐一定深有感触。

　　Cahill身材高挑，脸上带着可爱的婴儿肥，给人的感觉既美丽又亲切。因为出色的容貌和身材，她被好莱坞的一个资深经纪人相中，经纪人推荐她去参加一个大型的选美比赛，优厚的奖金使Cahill动了心，她便跟着经纪人来到了好莱坞。

　　这场比赛十分精彩，选手们来自美国各地，各有各的风采，都非常漂亮。在激烈的竞争下，Cahill通过了一轮又一轮的淘汰赛，和其他四名选手一起杀入决赛，争夺冠军的宝座。为了让这些决赛选手能够休息一下调整自己的状态，大赛组织者给了选手们半个月的准备时间。

　　接下来，Cahill开始积极地准备决赛，她分析了几个决赛选手，并将一个叫艾琳的选手当作了她的潜在对手。艾琳具有天生的贵族气质，脸上没有一丝赘肉，五官清晰而精致，显得冷艳而神秘，并且每次都能获得评委的好评。面对这样优秀的对手，Cahill有点自卑了，她那张肉乎乎的脸绝对没有一丝高贵和神秘，她决定要改变自己，在决赛之前让自己瘦下来，能够和艾琳一样。

　　Cahill开始疯狂减肥，每天只吃一点儿低热量的蔬菜和水果，完全没有主食，在短短的几天内瘦了十斤。到决赛的那一天，当带她参赛的经纪人看到她的样子时立刻惊叫起来："你怎么变成这个样子了？"原来，经过短期减肥，Cahill严重营养不足，双颊也瘦得凹陷下去，神色显得非常疲倦，肌肉和皮肤也显得松弛。

"本来你很有可能赢得冠军，但现在的样子看来几乎是没有希望了。那些佳丽们大都身材瘦削，颇具骨感美，婴儿肥正是你与众不同的风格，更能使你凸显出来。遗憾的是你没有看到自己的这一优点，反而去效仿他人，所以，你注定会失败。"经纪人用无法掩饰的懊悔口吻说，结果不出这位经纪人所料。

"发现你自己，你就是你。记住，地球上没有和你一样的人……在这个世界上，你是一种独特的存在，你只能以自己的方式歌唱，只能以自己的方式绘画。你是你的经验、你的环境、你的遗传所造就的你。"这是卡耐基大师曾告诫世人的一句话。

可惜的是，我们的生活中总有很多的Cahill，他们本来很有自己的特色，却因为盲目地效仿别人而否定和破坏了自我价值。如果不能找到真正的自我，我们的内心将一直处于迷惘之中，而这样是无法锻造出自信的，这也是很多人失败的根源。

要知道，只有你才是你人生的主角，你不可能成为别人，更没必要成为别人。当然，这并不是让你自以为是、故步自封。每个人身上都会存在某些方面的不足，借鉴一些成功者的想法和做法是十分必要的，但一定要根据自己的特性去借鉴和模仿，并且融入一些真正属于自己的东西。

请记住，你就是你，没有人能够代替你，同样你也无法替代别人。我们每一个人都是地地道道的"主角"。只有充分认识到自己独一无二的地位，才有可能获得最大程度的信心，进而活出一个真实的自我。

人生的幸福与成功，从认识自己开始

在我们周围，总有一些人，终其一生都不曾认识真正的自己，这样的人无疑是悲哀的。有的人只看得到自己的优点，于是自以为天下第一，从而沾沾自喜，却往往在向前冲的时候撞到墙壁，头破血流，甚至粉身碎骨；而有的人呢，只能看到自己的缺点，于是一叶障目地认为自己天生愚笨、无能，处处不如别人，即使有幸遇到机会也不敢去争取，不敢去把握。

如果你一辈子都不曾好好审视过自己，只浑浑噩噩地过着随波逐流的生活，任凭命运的河流将自己随意带领，那你的人生该是多么悲哀啊！人这一生，很多的迷惑与苦难其实都是不自知的结果，而世俗和盲目在很大程度上都是因为无力认识、掌握和控制自己。

有时候，你总以为自己天生无能，注定失败，但实际上，你只是还不够认识自己，才会错误地估量自己的价值，就像那只傻傻的山羊。

一个晴朗的早晨，一只山羊在栅栏外徘徊，它很想吃栅栏内的白菜，可是进不去。这时候，太阳才刚出来不久，它突然看见自己的影子，在地上拖得很长很长，它便对自己说："我如此高大，一定能吃到树上的果子，不吃这白菜又有什么关系呢？"

于是，它高高兴兴地奔向了远处的一片果园，可还没到达果园，就已是正午了，此时的太阳正处在山羊头顶上方，山羊的影子变成了很小的一团。

"唉，我这样矮小，是吃不到树上的果子的，还是回去吃白菜吧！"它看着影子又对自己说。

于是，它赶紧往回奔跑，可当它刚跑到栅栏外时，太阳已经偏西了，它的影子又重新变得很长很长。

"我干吗回来呢？"山羊看着地上的影子十分惊讶，"凭我这么高大的个子，吃树上的果子是一点儿也不费劲的呀！"

山羊又急匆匆地返了回去，就这样来来回回，直到黑夜降临，山羊也依然饿着肚子，既没吃到白菜，也没吃到果子。

山羊真傻！它之所以没吃到白菜，也没吃到果子，不是因为它本身的能力不足，而是因为它根本认不清自己。它不清楚自己的身高和体形究竟有多大，因此才会一次次被眼前的影子迷得团团转，最终落得个饿肚子的下场。

而在生活中，我们又何尝不是如此呢？很多时候，我们之所以感觉自己的人生过得艰难与痛苦，未必是因为我们比别人差了什么，或者是不如别人努力，我们可能只是认不清自己，不了解真正的自己，以至于无法找到一个准确的定位，结果错误地把自己推到了一条根本不适合自己的人生轨道上，就如瞎子想画画、哑巴想唱歌一般，注定陷入痛苦与徒劳。

在两千多年以前，伟大的哲学家苏格拉底就曾教导人们说要"认识你自己"。后来，古希腊人将这句箴言刻在了帕尔索山的一块石碑上。卢梭评价这一碑铭，说"比伦理学家们的一切巨著都更为重要，更为深奥"。可见，生而为人，这辈子最难得的见识就是认识自己了，要不然，孔夫子也不会说"人苦于不自知"。

世界上从不存在十全十美的圣人，同样也绝不存在一无是处的"废物"。一个人，不仅要了解自己的优点，也要看到自己的缺点，只有当人真正认识了自己之后，才能创造出属于自己的人生。或许你今天不曾成功，但这并不意味着你没有成功的可能与天赋，只是你还没有找到真正属于自己、适合自己的道路。去认识你自己吧！你不是无能，只是还未曾真正了解自己，未曾看到自己独一无二的天赋！

那么，我们又到底该如何真正地了解自己、认识自己呢？

首先要学会自省——这是我们认识自我的第一步。要做到自省，我们就必须像对待陌生人一样来评估自己，撇开所有个人感情来进行客观的自我观察。通过自我观察，我们才能更好地了解自己，认识自己，只有更好地了解自己，才能通过自我反省一步步控制自己，征服自己，战胜自己，最终驾驭自己的人生，活出自己的个性。

其次，要保持积极的自我对话。所谓"自我对话"，其实就是一个发现自己、认识自己、改变自己、超越自己的过程。曾经有人问古希腊大学问家安提司泰尼一个问题："你从哲学中获得什么呢？"他的回答是："同自己谈话的能力。"可见，自我对话对于认识自我和掌控自我来说是多么重要。

最后，要积极与别人沟通。人本身就是一种十分复杂的生物，拥有多样的特点和个性。我们眼中的自己，不管认识得多全面，必然都存在一定的局限性和片面性，这就好比一个方向的探照灯无论怎么来回扫射，总会留下光线的死角，因此，想要更深刻地认识自己，除了要懂得从自己的角度进行观察、分析及理解之外，还要多和别人沟通，通过了解别人眼中的自己，来给自己做出一个更为准确的定位。

当我们真正认识自己之后，才能真正挖掘出自己的潜能，知道自己适合什么，渴望什么，从而创造出属于自己的幸福人生。哲学家们通常喜欢通过自我反省来了解世界，他们认为，一个人只有先了解自己，才会有能力了解这个世界，从而才能够对事物抱有自己独特的观点，做出最为合适的反馈，赢得最大的效果。这种基于对自己的全面理解，然后自己最大化地活出来，并激活优势，弱化劣势的方式，正是我们所说的"个性"。世界上不存在两片完全相同的叶子，同样也没有完全相同的人。而生命最大的魅力，就在于其千姿百态、与众不同的个性。

想要成功，就要从认识自己开始。一个人，如果连自己是什么样子都不知道，又怎么找得到适合自己的定位，闯出属于自己的人生呢？我们将自己欺骗得有多惨，就会被这个世界骗得有多惨，而我们将自己了解得有多深，也就能够将这个世界把握得有多真。所谓"人贵在自知之明"讲的就是这个道理，所以，作为人，我们只有充分了解自己，认识自己，才能知道自己究竟有多强大，也才能真正让自己走上幸福的道路。

他人即地狱，但地狱的钥匙在你手里

一座废弃的楼房里，一个孩子正在玩耍。忽然，他听见不远处传来了一阵悲伤的哭泣声，于是，他循着声音望去，只见在一个角落里，有一个四四方方的铁笼，里面囚禁着一个骨瘦如柴的人，哭泣声就是从这个人口中发出来的。

孩子急切地问："你是谁？"

那个人回答："我是我的生命。"

孩子接着问："谁把你关在这里的？"

那个人说："我的主人。"

"谁是你的主人？"

"我就是我的主人。"

"嗯？"孩子有些不解。

那个人继续说："谁也没有囚禁我，是我自己囚禁了自己。当我欢笑着企图在人世间展示我生命的欢乐时，我发现稍不谨慎就有落入陷阱的可能，从而跌入黑暗的低谷；稍不谨慎就会遭受风雨的猛烈袭击，甚至会被风浪一股脑儿吞没，所以我变得很懦弱，内心也十分恐惧，于是，我就把自己囚禁在这个铁笼里，我认为这样非常安全，不会有任何危险发生在我的身上。我从来不敢也无法冲出铁笼去面对生活，而一天天的哭泣会让我的生命流干。"

孩子并不懂那个人说的究竟是什么含义，他只是在想："我要设法砸碎这铁笼，将这个人尽快解救出来。"于是，这个孩子找来了一把大榔头，用尽自己所有的力气，向铁笼砸去……可是直到这个孩子累到了极点，铁笼还是没能砸开。见状，那个人顿时怜悯起这个孩子来："唉，把榔头给我，让我自己砸开它吧！"话音还没有落下，铁笼就已经散开了。

在这个世界上，能够打开你枷锁的人，永远只有一个，那就是你自己。如果你不愿意离开禁锢自己的囚笼，不管旁人如何努力，都无法释放你的灵魂。你的不自由，全由自己而来。

在现实生活中，有的人活得轻松幸福，有的人却总是在痛苦中挣扎，如果好好审视一番，你就会发现，这些人的人生似乎并没有多大的差异。活得幸福的人不见得就总是一帆风顺的；活得痛苦的人也不见得就是真的倒霉到底。那些幸福的人，即便走在幽深的小径上，也能自信满满地昂着头，不仅找准了自己的目标和位置，还延伸了自己的理想和主宰命运的能力；而那些痛苦的人呢，哪怕面前是康庄大道，也总能把自己逼入"死胡同"，这是因为他们总怀着消极的心态，让自己陷入阴暗的角落里，这样一来，又怎么可能摸索到前行的方向呢？

萨特说，他人即地狱。

能够帮助你离开地狱的，其实一直都只是你自己而已，不妨回想一下：

当你不小心摔跤时，你首先想到的，是自己的伤痛，还是摔倒的姿势在别人眼里是不是很滑稽可笑？

当你遭到领导的批评和指责时，你首先想到的，是如何才能积极改正错误和策略，还是同事们究竟怎么看待你，会不会在背后嘲笑你？

如果你想到的全都是后者，那么就该反省反省了，自己的人生是不是也太过滑稽可笑了！

比起摔倒的痛，人们总是更惧怕别人的嘲笑；比起做错事的失误，人们总是更惧怕别人的责备。这其实真的很可笑，别人的嘲笑或责备，真的那么重要吗？赶紧醒一醒吧！别人的评价不是圣旨，你也永远不可能讨得所有人欢心，变成完美无缺的样子。

别人的评价之所以对你那么重要，说到底，根源还是在你自己身上。若你不在乎，别人又能对你造成什么伤害呢？若你勇敢地释放自己，别人又有什么资格对你指手画脚呢？他人即地狱，但打开地狱大门的钥匙，一直都在你自己的手上。

拿破仑的妻子玛丽女士本应风光无限，但她并不快乐，因为她个子不高，身材又不够好，最让她难过的是，她长得也不漂亮，和其他贵妇人站在一起，简直暗淡无光。为此，她总感到有人在嘲笑她。

为了让自己变得"养眼"一些，玛丽特意跑去美容院整容，但美容师很肯定地告诉她，再怎么做，也不可能把她的脸变成杰作。这让玛丽心里装满了羞辱和难堪，以至于她不敢去公众场合，害怕别人将目光聚集在她身上，害怕别人对她指指点点。

一次，玛丽正怀着郁闷的心情一个人在广场散步时，她看到了一个矮小而肥胖的老女人，尽管外表让人不敢恭维，但这位老女人看起来却非常高贵，脸上擦着厚厚的脂粉，嘴唇上抹着鲜红的唇膏，全身都是名牌装扮，穿着粉红色蝴蝶结的晚礼服、戴着高高的白色帽子、黑色的长筒手套，手里还拿着一根尖头手杖。

因为身体过于肥胖，这支手杖要支撑她很大的力量。突然，手杖尖头深深戳进了地面夹缝中，那老女人便用力地往外拔，因为用力过猛，她的身体失去重心，整个人趔趄地跌倒在地上，样子看起来很是狼狈。

对于这位女士，玛丽不禁有些同情，这个人在大庭广众之下出了这么大一个丑，心情一定很沮丧。又想，尽管她穿着一身华丽的衣服，但她没给人留下风度翩翩的好印象，所以还是个让人瞧不起的失败者。

然而，就在玛丽以为这个老女人会掩着脸躲避众人嘲笑的目光时，老女人却缓缓站了起来，还对向她报以同情目光的玛丽笑了笑，说："瞧我这么不小心，摔了个大跟头。"说完，还冲玛丽做了个鬼脸。

玛丽看着老女人缓慢起身，优雅离开的背影，顿时感到十分惊奇，她想不通为什么她没有表现出应有的愤怒和沮丧。回家的路上，她突然意识到：没有人会一直注意到你的所作所为，也没有人会无缘无故瞧不起你，很多感觉其实都是自己心里的"鬼"在作祟。

从此以后，玛丽开始调整自己的心态，她不再过多地考虑别人对自己的看法，不会因为别人的嘲笑或轻视而闷闷不乐。渐渐地，她活得越来越轻松，越来越快乐。她彻底想明白，学会释然，让内心变强大，才能不受到流言蜚语的伤害，才能活得幸福。

总活在他人眼里的人是可悲的，就如曾经无法寻找到快乐的玛丽。因为他人的目光永远带着苛刻的审视，永远存留无礼的挑剔，而这些审视和挑剔，除了不断宣告你的缺陷和不完美之外，对你的人生不会有任何积极的影响或帮助。唯有学会释然，让内心变得强大起来，我们才不会被这些苛刻与挑剔的目光所伤，才能找到生活的真谛，真正为自己而活。

你的人生，永远只有你自己有资格去定义，任何人都没有资格指手画脚，所以，不要总是去在意别人，既然不可能让所有人都满意，那么就只要让自己满意就好了。请记住，我们是世界上独一无二的自己，我们人生的喜乐都由自己掌控，哪怕全世界都对我们说"不"，也不能阻止我们按照自己所期望的样子特立独行地生活下去。别人的目光并不那么重要，别人的意见也不会伤害到我们分毫。重要的是，我们应有强大的内心，应有无坚不摧的意志，应有敢于做自己的勇气！

心素如简，和浮躁说再见

浮躁是梦想和成功的最大敌人。有人曾说过这样一句话："浮躁这种情绪具有虚妄性、情绪性、盲动性互相交织的特点，属于一种病态心理，它往往会让人失去正确的方向，让梦想成不了现实。"

有一只小鸭子，长着一双翅膀，却总也飞不起来，所以会不时地受到其他鸟类的嘲笑，小鸭子为此感到很苦恼，更让它难过的是，连自己走路都那么别别扭扭，于是，这只小鸭子就暗暗下了一个决心：好好学习走路。

虽然小鸭子非常努力，但可惜事与愿违，它非但学不好其他鸟类的走路方式，反而身子更加摇晃不定了。

一天，艳阳高照，天空忽然传来大雁的叫声，正在地上练习走路的小鸭子顿时停了下来，仰头望去，大雁们那美丽的身姿，使它禁不住赞叹起来："蓝色的天空是多么广阔，眼前的景象是多么壮观，飞翔的大雁是多么美丽！如果有一天，我也像它们一样展翅翱翔于蓝天，那该是一件多么美好的事情呀！"

就这样，小鸭子走着、想着，"噗通"一声被重重地绊倒在了地上，它低头一看，才发现原来是脚下的石子挡了路……

小鸭子真可怜，走路学不会，飞翔学不会，而它的可怜又是谁造成的呢？如果它能踏踏实实地走稳每一步，能像其他鸭子一样，只求走得稳稳当当，而不是非要去学习其他鸟类，那么这些烦恼自然也就不会存在了。

不管是做什么事情，一个劲儿地盲目跟风，最后的结果往往只会惹人捧腹大笑。最为关键的是，如果一个人的心态被好高骛远所感染，就像给自己的人生之路设下了一道障碍，这样一来，遭遇失败就在所难免了。所以说，我们要远离浮躁，让自己心素如简，走好自己脚下的路，也只有这样，成功才会向我们微笑着招手。

在当今社会，其实有不少"小鸭子"式的大学毕业生，他们一离开学校之后，就撒欢儿似地踏上了工作岗位，怀抱着大干一次的伟大抱负，却根本不去想自己的能力和工作是否相"般配"。

等过了一段时间以后，自己那颗按捺不住的心就被浮躁充斥得满满的，要么开始抱怨所在的公司，要么就对优秀的同事心怀嫉妒，甚至会在某一天，突然听说哪位朋友在哪个行业里淘到了金子，就又疯了似地跟过去，最后却把自己搞得疲惫不堪。所以，这些人就像一群无头苍蝇一样到处乱飞，纯然到了"完全找不着北"的地步。

说到底，他们之所以会如此，是因为他们的内心深处藏着一个无情的"杀手"，那就是浮躁。兴风作浪的浮躁让他们在人生的海洋中失去了确切的航向。在他们的眼里，目标总是在远处的某一个地方等着自己，才会让自己在当下的工作中总是"不修边幅"，于是乎，频繁地"跳来跳去"自然也就成了他们的"家常便饭"，短暂的时间里，工作也是换了一茬又一茬。

大学毕业之后，因为总是找不到合适的工作，小张变得越来越焦躁，尤其是在得知其他同学都找到了适合自己的工作以后，小张就更加心急如焚了。

为了摆脱这个局面，小张只好先找了一份在出版社负责搬运的简单工作。此时的他依旧不能平静，他总觉得干这个工作太大材小用了，一个堂堂的本科生，怎么做搬运工这种"下三滥"的工作呢？所以，他总是在工作期间充满了抱怨，不久，就被出版社辞退了。

没了工作的小张变得更加的急躁不安，于是，动不动就和人吵架。有一次，他还竟然与别人大打出手，结果赔了三千元才算了事。

一年时间过去了，小张依旧没有找到一份合适的工作，后来，朋友给他介绍了一家公司，可是他却认为这家单位太小，配不上自己。如果要进大公司，小张又不具备相应的能力，这让小张实在不知道如何是好。

一次，在同学聚会上，小张看见好几个同学已经买了车，这让他的心里更加不平衡：当年，他们比我强不了多少呀，怎么现在都混得比我强！于是，他越想越气，回家后，便计划自己一定要做出一番大事业来。

一天晚上，小张悄悄地潜入了某重工业工厂，盗取了一捆电缆，从中赚取了四千元。有了第一次的甜头，他便频频作案，无所顾忌，最终在15天以后被埋伏许久的警察逮住了。

由于小张盗窃工厂财物，所以，被法院判处三年有期徒刑。到了牢狱，小张才流下了后悔的泪水：由于自己的浮躁，不仅让自己失去了自由，还失去了家人、朋友的信任！

其实，小张的遭遇是很多人都曾遇到过的，现实或许有很多的不如意，但要说有多悲惨，似乎也不至于。可最终，小张却选择走上了最无法回头的那一步，而真正将他逼到角落的，不是生活的艰辛，而是他自己内心的浮躁。因为内心浮躁无法保持心素如简，所以失去了思想上的冷静和心理上的平衡，最终落入了万丈深渊。

失去平和的心态是件很可怕的事情，浮躁就像病毒，不仅会入侵我们的思想，还会蚕食我们的理智。一个人一旦变得浮躁起来，就会很容易动怒，与任何人都没有办法相处。自己遇到了好事情，便会兴奋不已；自己遇到了坏事情，便会顿时跌入痛苦的陷阱中，同时，自己的心灵也会发生扭曲。

所以，作为年轻一代的我们，要学会消除内心的浮躁情绪，保持平和的心态，这样，才能在人生的道路上越走越远，越走越稳。始终保持一颗素心，坚持不懈，一直到底，全身心地投入到自己从事的工作中，也只有这样，我们才能最后摘得成功的桂冠，才能完善自己的一生。

那些孤独奋斗的时光里，你还好吗

铁树沉寂60年方开一次花，昙花积聚一个花期只为数小时的盛放，这些独特的植物正是因为经受得住寂寞的考验，才会有绽放时的绚烂。人的一生其实也是如此，那些真正激情四射、五彩绚烂的场面都是短暂的，在这短暂的绚烂之外，我们所需要面对的，更多的都是最平凡普通的生活。

中国有句古话，十年窗下无人过，一举成名天下知。很多人羡慕成功者，关注他们头上的光环，却不知道，很多成功人士的人生旅程，并不是一帆风顺的。他们的人生其实和普通人无异，同样是一部长期忍受寂寞、默默无闻前行的辛酸史、奋斗史。他们的成功是在经历无数个日日夜夜的孤独奋斗之后才生根发芽的，而那些孤独与奋斗唯有自己才知道。

李时珍的家族世代从医，世代长者都是远近闻名的"铃医"。李时珍的父亲李言闻是当地的名医，在当时的社会，民间医生的地位很低，李家常受官绅的欺侮，因此，父亲决定让二儿子李时珍读书应考，以便一朝功成，出人头地。

李时珍自小体弱多病，然而性格刚直纯真，对空洞乏味的八股文不屑一顾，自十四岁中了秀才后，又三次到武昌考举人，最终都名落孙山。于是，他放弃了科举做官的打算，专心学医，并向父亲表明决心："身如逆流船，心比铁石坚。望父全儿志，至死不怕难。"李言闻被儿子的坚心所打动，终于同意了李时珍的要求，并精心加以辅导。

在父亲的启示下，李时珍认识到"读万卷书"固然需要，但"行万里路"更不可少。于是，他放弃了衣食无忧的安静生活，穿上草鞋，背起药筐，在徒弟庞宪、儿子建元的伴随下，远涉深山旷野，足迹遍及河南、河北、江苏、安徽、江西、湖北等广大地区，以及牛首山、摄山（古称摄山，今栖霞山）、茅山、太和山等大山名川。

在这些日子里，李时珍远离了人世的喧嚣，每日面对这巍巍大山、青青悠草，无疑是寂寞的，但他耐住寂寞，深入实地进行调查，遍访名医宿儒，搜求民间验方，观察并收集药物标本。经过长期的实地调查，他搞清了许多药物的疑难问题，终于完成了我国药物学上空前巨著《本草纲目》的编写工作，先后历时27年，后被达尔文称赞为"中国古代的百科全书"。

任何伟大的成功，都是在耐得住寂寞之后才能迎来的，而耐得住寂寞的意义在于：能够守住精神的底线，安静躁动的心神，熨帖狂乱的灵魂，把无休无止的欲望归于最有价值之处。在寂寞中默默耕耘，凭借一己良知和理性，严格地塑造、鞭策并完善自我。就像李时珍，没有耐得住寂寞的艰苦，没有守得住本心的坚定，又怎能谱写出《本草纲目》这样伟大的，足以光耀历史的"百科全书"呢！

始终相信自己，不为浮躁世俗所左右，保持一颗沉稳而平和的心，这就是成功的必备条件。因为耐得住寂寞，所以才能拥有这样广阔的心灵世界和这样精彩纷呈的人生。寂寞给予我们的，是思考的空间，是承受的肩膀，也是意志的坚毅，因为有了这段寂寞的时光，我们才能沉淀、积蓄，而后发。

生活中不乏这样一些人，他们不够相信自己，害怕过平淡无奇的生活，不能承受生活中偶尔的失意，经常用凑热闹、赶时髦、追风潮等麻痹自己、摆脱寂寞。虽然这样得到了一时的快感，但浑浑噩噩地生活，难道不是在浪费时间和生命吗？

寂寞与平淡是人生的必经之路，也是成功的淘汰机制。只有走过这段路，挨过这段孤独奋斗的时光，才能看到成功的大门在何处。

这是一场座无虚席的演说，在人们热切、焦急的等待中，全国著名的推销大师上场了，这是他告别职业生涯的最后一场演说。只见他指挥着工作人员搭起了一座高大的铁架，铁架上吊着一个巨大的铁球，接下来又让工作人员将一个大铁锤放在自己面前。

看到这怪异的一幕，人们很惊奇，不知道他要做什么。

这时，推销大师对观众说："请两位身体强壮的人到台上来，用这个大铁锤去敲打那个吊着的铁球，直到把它荡起来。"很快，有两个年轻人上了台，他们用尽全力去敲打那个铁球，累得气喘吁吁，但是铁球仍旧纹丝不动。

台下观众的呐喊声渐渐沉寂下去了，他们好像认定这样的敲打是无用的，就等着让推销大师解惑，这时，推销大师拿出一个小锤，对着那个巨大的铁球认真地敲了一下，停顿片刻再敲一下，这样持续地做。

时间一分一秒地过去，10分钟，20分钟……这样单调的钟声，人们开始骚动起来，他们希望大师说点什么，用各种方式来发泄自己的不满。但是推销大师好像根本没有听见人们在喊叫什么，仍然一小锤一小锤不停地敲着，人们开始离去，最后只有少数几个人留了下来。后来留下的人们也喊累了，会场上只能听到"铛铛""铛铛"的钟声，又20分钟过去了，突然前排的一个人尖叫道——"球动了"！

霎时间，人们聚精会神地看着那个铁球。那个巨大的铁球以很难察觉的幅度摆动着，而推销大师仍在继续敲着。终于，吊球在一锤一锤的敲打中越荡越高，它拉动着那个铁架子"哐、哐"作响，在场的每一个人都震惊了。

一阵阵热烈的掌声爆发出来，推销大师收起小锤说了一句话："你们都想知道我成功的经验，今天我告诉你们：在成功的道路上，要有足够的耐心去忍受寂寞，等待成功的到来，否则你就只能面对失败。"

在这场别致的演讲中，推销大师为我们上了生动的一课。在人生的道路上，很多人其实就像那些中途退场的人一样，因为耐不住成功过程中的寂寞，而终止了前进的脚步，从而错失了生命中最精彩的部分，也就永远也到不了成功的彼岸。

耐得住寂寞，静中念虑澄澈，见心之真体；闲中气象从容，识心之真机。这是生命真正成熟、人生走向成功的重要标志之一，守得住寂寞不一定都能通向成功，但所有的成功必来自于寂寞奋争的过程。

而我们所说的寂寞，不是百无聊赖、无所事事，也不是散淡与停滞，更不是所谓的孤独或寂灭。真正的寂寞是一种坚持不凑热闹、不赶时髦、不追风潮、自信而又慷慨地抛洒汗水的生活境况和生存方式。

寂寞是人生中难以推脱的事情，如同生活中的喜怒哀乐一样，时刻伴随着我们。要真正享受成功的喜悦，就一定要耐得住寂寞，这是一种难能可贵的沉稳风范，是一个人淡泊明志的修养，更是我们追寻梦想的关键。

　　因此，面对成功路上的寂寞，要相信自己，别软弱、别害怕、别逃避。耐住寂寞，在孤独中奋斗，在宁静淡泊中默默耕耘，这样我们才能积蓄起力量，最终攀上人生的巅峰，让生命绽放出最耀眼的光华！

自己的人生，一定要自己来设计

当你在路上不小心摔了一跤，惹得路人哈哈大笑的时候，可以想象，当时的你一定很尴尬，甚至觉得好像全天下的人都在看你的笑话一样。但如果转换一下角度，你不是那个摔倒的人，而是一个路过的看客，那么你会发现，那滑稽的一幕不过只是生活中的一个小插曲罢了，甚至有时连插曲都算不上，哈哈一笑之后转过身，这件事可能就已经从你脑海中清除干净了，毕竟你有太多的事情要去思考，你的工作、你的家庭、你的爱情……

你瞧，很多你以为顶天大的事情，其实对于别人来说，是根本没有任何意义和影响的。在生活中，你或许总会不自觉地去在乎别人的眼光，为了得到别人的认可，小心翼翼，甚至费尽心机。然而，殊不知你所做的这一切，对于别人来说，可能连插曲都算不上。

当你为了讨人欢心而逐渐抛弃最真实的自我、变成一个活在别人标准和眼光之中的形象时，你的盲目和迷失，痛苦与悲哀，其实是没有任何意义的。你的人生，真正在乎的人，只有你自己。生命只有一次，如果从来不曾体会过由自己亲手设计命运的快乐，该是一件何其可悲的事情啊！

当然，设计自己的人生也并不是一件容易的事，这是一个艰难的奋斗过程，在这个过程中，我们不仅要忍受不被人理解的困扰和庸碌者无知的嘲笑，更需要有足够的智慧、魄力和勇气，以孜孜不倦的热情向前进。

　　莎士比亚在很小的时候，有机会接触到了剧团演出。他惊奇地看到为数不多的几个演员，凭借一个小小的舞台，竟能演出一幕幕变幻无穷的戏剧来，便暗下决心：以后要当个戏剧家，从事戏剧事业。

　　但是，当时英国的戏剧工作是一个非常高级的职业，那里活跃的是一批批受过牛津、剑桥等高等教育，而且在戏剧方面有突出成绩的"大学佳人"职业剧作家，他们把持并垄断了剧坛，不许他人插入。

　　而莎士比亚呢？他的父亲原本是一个做羊毛生意的商人，后来生意失败，一家人的生活失去依托，14岁的莎士比亚只好中途退学，协助父母维持生意，做些家务。因此，一个成名的剧作家曾以轻蔑的语气写文章嘲笑过成名前的莎士比亚，称他是一个"粗俗的平民"，竟敢同"高尚的天才"一比高低！

　　不过，困苦的生活、他人的嘲笑都没有使莎士比亚心灰意冷。为了更接近戏剧事业，莎士比亚主动到戏院做马夫，专门等在戏院门口伺候看戏的绅士。待表演开始后，他就从门缝或小洞里窥看戏台上的演出，边看边细心琢磨剧情和角色。

　　为了提高和丰富自己的知识，莎士比亚经常深入下层社会，观察那些流浪汉、江湖艺人和乞丐，同自己周围的各种人谈心，体会他们的思想感情。同时，他还大量阅读各种书籍，了解各国的历史和人民不幸的命运。

　　27岁那年，莎士比亚写了历史剧《亨利六世》三部曲，剧本上演，大受观众欢迎，引起了戏剧界的普遍注意，他终于进入了伦敦戏剧界。1595年，莎士比亚又写了《罗密欧与朱丽叶》，剧本上演后，他成了一名闻名海外的戏剧家。

在奔往成功的道路上，永远都充斥着这样或那样的质疑，永远少不了各种挑剔的眼光，别人的目光纵有千千万也不重要，因为这些都比不上我们对自我生命的期待，没有谁有资格主宰我们的人生，也没有谁有权利来设计我们人生的舞台。不管成功也好，失败也罢，真正能承担这后果的，永远只是我们自己。

更何况，每个人的利益都是不一致的，每个人的立场，每个人的主观感受也是不同的，没有任何人能比我们自己更明白我们真正想要的东西是什么。那些别人认为好的，未必就符合我们的期待；那些别人不屑一顾的，却可能对我们来说重过一切。

所以，真的不必活在别人的目光中，处处担心别人怎么想自己，看待自己。人生的喜怒哀乐，只有我们自己能真正品尝到，只有抛开别人的眼光，自己做自己人生的设计师，走出一条属于自己的道路，不会在未来的某一刻将要离开这个世界时还抱有遗憾。

人生是一场不能抗拒的前行，每个人都只有一次机会。别把命运交托在别人手上，只有走过了每一条想走的路，做过了每一件想做的事，我们才有资格说上一句：此生无悔无憾。

有人说："20岁时，我们顾虑别人对我们的看法；40岁时，我们不理会别人对我们的看法；60岁时，我们发现别人根本就没有看我们。"这并非消极，而是随着年龄和阅历的增长，我们终于发现，其实每个人都有自己的人生，都有自己的事情要去做，并没有多少时间把注意力一直集中到某个人身上。

所以，不必太在乎别人的眼光，做自己人生的设计师，试着走一条属于自己的路吧！这不是谁都能够做到的，如果你做到了，你就能活得更加接近真实的自己，就能演绎出自己的特别，泰然自若地走出不平凡。

　　尤其是在面临人生选择时，有人徘徊，有人决绝，有人半途而废，也有人勇往直前。无论你是哪一种状态，都要记住，在抉择前，我们可以参照别人的方式、方法、态度等，但一定要坚持自己的本心，正视自己的灵魂，坚持做自己人生的设计师。因为人生是不能抗拒的前行，我们每个人都只有一次机会而已，别把这宝贵的、唯一的机会，浪费在别人的指指点点里。

最大的恐惧，其实就在我们的想象中

恐惧是心灵最大的枷锁，因为它总是限制着我们的步伐，控制着我们的言行，让我们在想象中将眼前的困难与问题无限放大，最终消耗掉我们的热忱与精力。每个人心中都住着恐惧，它总是在试图毁灭我们的快乐与进步，阻止我们成为更优秀的人，迈向更美好的成功。它让我们备受折磨，让我们远离梦想，让我们走向失败的终点。

很多时候，我们口口声声说着要去做某件事情，却因为各种各样的缘由迟迟不肯行动；我们大张旗鼓地高喊着要改变自己，却因为各种各样的借口久久不曾付诸实践；我们下定决心要去承担风险，独当一面，却又忍不住唯唯诺诺、畏畏缩缩——恐惧就是这样绊住我们前进的步伐的，恐惧让我们害怕失败，害怕拒绝，害怕辛劳，害怕痛苦，害怕伤害……因为恐惧，我们不敢开创自己的人生，只能在时间的流逝里，让恐惧将热情与生命力一点点被消磨掉。

有一个流浪汉在森林里迷了路，眼看夜幕即将笼罩整片森林，黑暗的恐惧和危险步步逼近，流浪汉心里明白，夜晚的森林是非常危险的，稍不小心，就有掉入深坑或陷入泥沼的可能，除此之外，还有潜伏在黑暗角落里的饥饿野兽，他仿佛已经看到它们正虎视眈眈地注意着他的一举一动。恐惧像一场狂风暴雨般席卷而来，侵袭着他。

就在这时，远方漆黑的夜空中，亮起了几颗微弱的星光，就在这微弱的星光下，流浪汉发现不远处有一位同路人，他欢呼雀跃，急忙赶上前去与他搭话，这位陌生人十分友善，立刻愉快地与他结伴而行。

就这样，他们互相搀扶着、摸索着前进，可没过多久，他发现这位陌生人其实与他一样迷茫。失望之余，流浪汉决定离开这位迷茫的伙伴，再一次回到自己的路线上来。不久之后，他又碰到第二个陌生人，这个陌生人说他拥有走出森林的地图，于是，他决定跟随这个新的向导，可不久之后，他发现这个陌生人其实是个自欺欺人的人，他的地图只不过是为了掩盖恐惧而施行的自我欺骗的手段而已。

流浪汉又一次回到自己的路线上，他漫无目的地走着，一路的惊慌、迷茫、恐惧如影随形。就在他感到绝望的时候，无意中将手插入了自己的口袋里，竟发现了一张正确的地图。恐惧来源于内心，流浪汉若有所悟，原来一路的恐惧只不过是自己吓自己，解除恐惧的魔咒其实一直都在自己身上。

每个在恐惧中流浪的人其实都怀揣着一份走出恐惧的地图，重要的是，迷失在恐惧中的你，是否能静下心来，掏掏自己的口袋。就像故事中的流浪汉一样，能够帮助他走出恐惧森林的，不是别的任何人，而是他自己。

法国著名文学家蒙田曾说过这样一句话，"谁害怕受苦，谁就已经因为害怕而在受苦了。"而中国宋朝理学家程颢、程颐也认为，"人多恐惧之心，乃是烛理不明。"亚里士多德说得那就更加明确了，"我们不恐惧那些我们相信不会降临在我们头上的东西，也不恐惧那些我们相信不会给我们招致事端的人，在我们觉得他们还不会危害我们的时候，是不会害怕的。"

可见，所谓恐惧，其实是由人本身经历的扭曲或伤害引起的一种大脑状态，很多时候，恐惧一直就存在于那里，甚至于它究竟是如何产生的，也早已被人们所遗忘。我们惧怕恐惧，拒绝接受恐惧，但实际上，恐惧一直都存于我们内心的深处。

然而很多时候，事情其实并没有我们想象得那么可怕，只是我们总习惯于在想象中将问题无限扩大。最大的恐惧，其实一直都存在于我们的想象中，想象赋予了恐惧无穷的能量，若没有这些想象，那些恐惧或许根本不值一提。

一次，一个电气工人接了一个工作，需要在一个周围布满高压电器设备的工作台上进行作业。

自从接受这份工作之后，这个电气工人就一直处在忐忑不安中，生怕自己不小心遭高压电击而送命，虽然他已经采取了各种必要的安全措施来预防触电，但恐惧的阴影却始终都伴随着他。

终于有一天，他在工作中不小心碰到了工作台上裸露出来的一根电线时，他痛苦地大叫一声，倒地而死，并且身上维持着触电者的状态。

然而，接下来的验尸环节却令所有人都瞠目结舌：虽然死者的身体皱缩起来，皮肤也变成了紫红色，但事实证明，他并没有遭受电击，当这个不幸的电气工人触击电线的时候，电线并没有电流通过，也就是说，他完全是被自己的恐惧吓死的。

恐惧是我们人生中面对的最大挑战，很多时候，真正伤害到我们的，并不是客观存在的环境或条件，而是我们内心那些没来由的、荒谬可笑的恐惧，它将我们囚禁在无形的监牢里，让我们遭受无穷无尽的折磨。真正让我们受伤的，正是我们自身的心理障碍，就如同那个触电而死的电气工人一样，杀死他的不是那条没有通电的电线，而是一直积压在他心中的恐惧。

有人给恐惧下过这样一个定义：恐惧是由那些相信某事物已降临到他们身上的人感觉到的，恐惧是因特殊的人，以特殊的方式，并在特殊的时间条件下产生的。

　　简而言之，惧由心生，恐惧源于害怕，而害怕则源于无知。就像那些怕了一辈子鬼的人，恐怕一辈子也没见过鬼，对鬼的惧怕只不过是自己吓唬自己罢了。可见，这个世界上，真正能让人恐惧的，不是客观存在的事物，而是我们自己内心的障碍。比如很多人在碰到一些棘手的问题时，常常会在脑海里设想出许多在处理事情过程中可能产生的困难，想得越多心里自然也就越会感到担忧。但实际上，当你大着胆子去做时，你会发现，那些困扰你许久的问题和困难，可能根本都没有发生过。

　　我们的心中之所以长存恐惧，是因为我们对未知的事物总是充满担忧的情绪。我们害怕未来是失败的、错误的，我们在脑海里预设各种各样不好的结局，于是便滋生了恐惧。它其实是一种自我警告，警告我们接下来将要做的事情是多么可怕和危险。想要解决这一切问题唯一的办法，就是赶紧付诸行动，勇敢地去做你想要做的事情，不要犹豫，不要害怕，不要给自己任何理由与借口。当你依靠着自己的力量去探索、去创造的时候，你会发现，原来结束黑暗旅途的地图一直就藏在你的口袋里。

把鲜花和掌声送给自己

在生活中，很多人之所以不懂得爱惜自己，是因为他们的眼睛总习惯去盯着别人最出色的地方，有时即使对方不如自己，他们也总会钻牛角尖一般地去找出一些别人有，而自己没有的优势来变相地"打压"自己。欣赏别人是一种美德，但如果总是忽视自己的美丽，那就完全是一种自虐了。

有句话说得好，"玫瑰就是玫瑰，莲花就是莲花，只要去看，不要比较。"玫瑰和莲花没有可比之处，无需比较，用心欣赏就能享受到快乐和满足，不是吗？人其实也一样，他是他，你是你，他有他的优秀，你有你的美丽，何必非要以己之短去比别人之长呢？学会把鲜花和掌声送给自己，学会欣赏最真实的自己，然后学会好好爱自己，幸福其实就是这么简单。

当然，在生活中，我们确实会遇到很多比我们成功、比我们优秀的人，但即便如此，我们也无需心生羡慕之情，只要以平静之心对待即可。要知道，人生失意无南北，宫殿里也会有悲恸，茅屋里同样也会有笑声。在平时生活中无论是别人展示的，还是我们关注的，总是风光的一面、得意的一面，这正是羡慕别人的盲区。

比如，淹没在鲜花和掌声中的英国王妃戴安娜如果没有魂断天涯，几人知道她与查尔斯王子那场"经典爱情"竟然是那么糟糕；美国前总统里根人前风光无限，名利双收，却备受不孝子的敲诈、虐待，心酸可想而知……

　　谁的人生其实都是这样，有好有坏，有开心有难过，有成功有失败。你无需去羡慕别人，也不要看轻自己，在你的人生舞台上，你永远都是自己的主角，不管站在巅峰，还是处于低谷，不管台下是高朋满座，还是全场都空空荡荡，已经站在人生舞台的你，只能勇敢地走下去，没有拒绝表演的机会。

　　所以，与其羡慕别人、自怨自艾，倒不如像那首歌所唱的：掌声响起来，我心更明白，你的爱将与我同在……"学会把鲜花与掌声送给自己，永远昂着头，骄傲地表演下去！

　　一个阳光暖暖的下午，动物们躺在草地上聊天。

　　"哎哟，再翻个身晒晒，"熊一边挪动着笨拙的身体，一边说道，"我真羡慕小兔子，它那么灵活，可以在草地上飞速奔跑，跑起来就像一阵风！而我却不行。"

　　听到熊的赞美，小兔子有些害羞了，它连连摇头，说道："我最羡慕的是长颈鹿，它站得高、看得远。"

　　兔子的赞美令长颈鹿意外，但长颈鹿一直羡慕的是小猴子，于是他说："我羡慕小猴子，它既能爬得像我一样高，也可以在地面奔跑。"

　　而小猴子却说："刺猬真令我羡慕不已，它浑身都是刺，谁都不敢欺负它。"

　　刺猬向来胆小，它说："我最羡慕的是熊大伯，它的胆子那么大，力气也大。"

　　这话令熊十分高兴，它笑了，说道："看来我们都有不同于其他伙伴的地方，是一个与众不同的自己，我们自己都有别人羡慕、称赞的地方。所以，我们应该为自己自豪，应该学会爱自己。"

　　天地万物，任何事物都有自己独特的价值，每个人都有让别人羡慕的地方，每个人也都有值得爱的地方。所以，无论你是谁，你需要时常做的一件事情就是爱自己。爱自己，就是不羡慕别人的生活，发掘自身的优点，生活在自己的天地里，活在对自己的祝福中，不受外界的干扰。

即便鲜花和掌声都不属于你，你也要勇敢地面对这一切。告诉自己，只要努力，一切都会改变，至少你永远都是自己最忠实的观众。

有一位法国少年，他的名字叫作皮尔，他从小就喜欢舞蹈，人生最大的梦想就是成为一名优秀的舞蹈演员。可事与愿违，皮尔的家境非常贫寒，家里没有足够的钱提供给皮尔让他去舞蹈学校学习。于是，家里只能送他到一家裁缝店里当学徒工，一方面希望他学到一门能够养活自己的手艺，另一方面也想让他赚点钱好补贴家用。

一心想成为舞蹈家的皮尔非常伤心，但是也只能接受这个事实，只得极不情愿地学习缝纫的基本技能。在当学徒的日子里，皮尔一直很困惑，心里一直非常不甘，"难道我的理想就这么夭折了吗？难道就这样一辈子做一个与布料打交道的匠人了吗？"他甚至极端地认为，如果真的要这样痛苦和违心地活一辈子，还不如早早结束自己的生命。

就在这种困惑和痛苦几乎要把皮尔燃烧的时候，他想起了自己从小就崇拜的著名舞蹈家布德里，于是决定给布德里写一封信，在信中，他阐述了对舞蹈的热爱。在信件的最后，皮尔写道："如果您不肯收我这个徒弟，我只好为艺术献身跳河自尽了。"

很快，布德里给皮尔回了一封信。在这封信里，布德里并没有提及收皮尔做学生的事情，而是讲了一段自己的人生经历。在布德里小时候，他最大的梦想是当一名科学家，同样是因为家境贫寒，他只能跟一个街头艺人过起了卖唱的日子。

　　在艰难的岁月里，他非常苦闷和困惑，但如果面对困惑就此放弃，那么将是一种极其不理智的行为……最后，他说："人生在世，现实与理想总是有一定的距离，正是因为如此，人们面对困难时，才会不断去思考，在理想与现实生活的角斗中学会如何生存，才会学会欣赏自己、剖析自己、改变自己。"他告诉皮尔，"一个连自己的生命都不珍惜的人，是不配谈艺术的……"

　　皮尔看到信件后猛然醒悟到自己的自私和鲁莽，这封信已经完全打消了他心目中的困惑。后来，他非常努力地学习缝纫技术，努力将做衣服这件事做到极致，每当遇到困难的时候，他会率先鼓励自己，当有所进步的时候，他也会第一个祝福自己。从23岁那年起，他在巴黎开始了自己的时装事业。很快，这个年轻人便建立了自己的公司和服装品牌，而品牌的名字叫作皮尔·卡丹。

　　一根青葱有它独特的味道，一棵小草也有一份新绿，一片枯叶也可化作肥料，一粒细沙也可成为建造高楼的材料……每个人都有自己的价值，无论别人怎么看你，你都要对自己不离不弃，相信自己，爱护自己。要知道，爱自己是幸福的前奏。如果一个人连自己都不爱的话，又有什么资格去爱别人呢？

　　要知道，你就是你，别人再美，再优秀，那都是别人。我们要学会爱自己，重视自己，不论自己长得美还是丑，也不论自己活得伟大还是渺小，都要好好地爱自己。无论你是玫瑰还是莲花，不必羡慕别人的美丽，用心地做好自己，你的内心将变得豁达开朗，也终会有花团锦簇、香气四溢的一天。请记住，学会欣赏自己，别人也才会去欣赏你；学会将鲜花与掌声送给自己，人生才能花团锦簇、掌声雷动。

PART 2 / 再微小的事情，只要努力去做，总会出彩很多

不是所有的惊天动地都叫作伟大，但若能将细微之处做到极致，那便一定是成功。即使再微小的事情，只要努力去做，就能出彩很多；即便是再不起眼的细节，只要用心付出，就能收获无限的幸福。人生就是如此，只要你用心去活，那就是无悔。时光总会把最好的东西，留给那些最努力的人。

再小的努力，乘以365都很明显

成功是一个无比漫长的过程，卓越者之所以能成功，平庸者之所以会失败，往往不是因为个人能力差距有多少，而是在于耐心的差别。前者总能坚持每天进步一点点，今天比昨天进步一点点，明天比今天进步一点点，这些"一点点"慢慢累积，终究堆成了巍峨的高山。而后者呢，却总是停步不前，今天落下别人一步，明天落下别人一步，一步一步累积，终成万里长征，人与人之间的差距就是这样形成的。

古人曰："苟日新，日日新，又日新。"所谓进步，就是向前走，今天比昨天强，就是对现状有所突破，就是用一种崭新代替一种陈旧。每天坚持进步一点，哪怕是再小的努力，乘以365都会成为明显的进步。人生其实就是这样一个追求比昨天更卓越的过程。

香港海洋公园里有一条大鲸鱼，虽然重达8 600公斤，却能自如地向游客表演各种杂技，而且还能跃出水面6.6米，这是鲸鱼自身身高的五倍左右。面对这条创造奇迹的鲸鱼，有人向训练师请教训练的秘诀。

"很简单，"训练师回答，"在最初开始训练时，我们会先把绳子放在水面之下，使鲸鱼不得不从绳子上方通过，每通过一次，鲸鱼就能得到奖励。渐渐地，我们会把绳子提高，只不过每次提起的幅度都很小，大约只有两厘米，这样鲸鱼不需花费多大的力气就有可能跃过去，并获得奖励。于是鲸鱼便很乐意地接受下一次训练。随着时间的推移，它跃过的高度逐渐上升，最后竟然达到了6.6米。"

听了训练师的回答，我们可以看出，他们训练鲸鱼成功的诀窍，就是每次给鲸鱼加高两厘米，也就是让鲸鱼每次进步一点点。正是这微不足道的一点点，积累起来，天长日久，最终实现质的飞跃，在不动声色中创造出了一个令人震惊的奇迹。

每天进步一点点，听起来好像没有冲天的气魄，没有诱人的硕果，没有轰动的声势，可细细琢磨一下：每天进步一点点，持之以恒，坚持不懈，积少成多，这就是"水滴石穿"般的力量，不容小觑。

美姗身材瘦小，貌不惊人，而且只有高中文化水平，她非常幸运地在一家较有名气的外资企业任文员，而且同时服务于两位不同国籍、有着不同文化背景的老板：一位德国籍老板，一位英国籍老板，工作难度简直不敢想象。

刚进公司那段日子是最难熬的，两位老板只把美姗当成个只会干杂事的小职员，不停地派些零七八碎的事情让她做，从来没有表扬过她。美姗自知自己学历低、经验少，她不断地学习，以此寻找让老板认识自己的机会。

除了把工作做得周到细致外，美姗把自己所能见到的各种文件，全部都放到自己的工作中，只要有空就去认真翻阅琢磨，学习公司的业务。由于不熟悉德语、英语，美姗就不厌其烦地去翻看她的那两本"无声老师"——德文字典、英文字典，她坚定地相信："只要每天记住10个单词，一年下来我就会3 600多个单词了。"

就这样一年多后，美姗对公司的业务可以说了如指掌，而且外语水平也在与日俱进，这为她进入通畅的良性工作循环状况做了坚实的准备，也让两位老板对她刮目相看，不久就提拔她做了秘书，负责公司的日常事务。

秘书工作需要协调各组的资源，帮助老板处理很多工作上的问题，要学习很多事情，这一切都是她之前没有接触过的，怎么办呢？于是，美姗又报考了职业培训班，每个周末都去参加培训，风雨不误。

可喜的是，美姗现在的德语、英语都达到了专业水平，还熟练掌握了计算机操作技术，她积极向上，不断进步的精神不仅让两位老板认识了她，而且有时还愿意听从于她的"号令"。对于自己的成功秘诀，美姗给出的答案是，"没有什么，就是每天进步一点呗。"

一个人，如果每天都有进步，哪怕只有1%的进步，也是值得称道的。这不仅能彰显自己积极进取的品德，还能积累一种超凡的技巧与能力，让你远比其他人更容易得到发展的机遇，获得更多的资源和平台，从而进入卓越者的行列。

所以，你若想成为卓越者的话，就要牢记"每天进步一点点"的理念，随时随地保持一种求知若渴、虚心若愚的学习心态，每天问问自己，"今天，我又学到了什么？""今天有没有进步和提高？""今天哪里可以做得更好？"……

只要我们每天进步一点点，那么一年就可以进步365个一点点，持续这样做，人生中任何一点点差距都有可能在几年后相差十万八千里。每天进步一点点，是我们每天的目标，也是我们一辈子的事情。

每天进步一点点，没有不切实际的狂想，只是在有可能眺望到的地方奔跑和追赶，不需要付出太大的代价，只要努力，就可以达到目标。心里踏实，步履稳健，迎接明天的早晨才不会心虚。

所谓成功，就是做好每一件小事

很多初入职场的年轻人几乎都曾遇到过这样一个问题：因为缺乏工作经验，所以在进入公司之后，很少会被立即委以重任，领导给安排的往往都是些琐碎的工作。面对这样的状况，有的人耐下性子，力求把每一件小事都做好；而有的人呢，却觉得自己被"大材小用"，于是怀抱着"怀才不遇"的不甘，不断跳槽，试图找到一飞冲天的机会。

最终，现实告诉我们，前者大多都获得了成功，或在公司站稳脚跟，为自己赢得一席之地；或得到上司的赏识，厚积薄发，平步青云。而后者则往往只能在不断的跳槽中虚度光阴，或是在敷衍中错过机会。

其实，成功真的不难，只要把力所能及的每一件小事做好，成功早晚会光临，因为无论多么伟大的事业，实际上都是由一件件的小事堆砌而成的。就像盖房子，不管多么高的楼，都是由一块块的砖头叠加而成的，只要垒好每一块砖，就能盖好每一座楼。

有一位法国总裁，他经常委托合作公司的助理为他购买来往于东京与大阪之间的火车票。几次下来，这位总裁发现，自己每次去大阪时，座位都在右窗口，返回东京时，座位都在左窗口。总裁好奇地询问助理其中的缘由。

助理笑着答道："车去大阪时，你坐在右边，就可以观赏到富士山美丽的景色。当你返回东京时，富士山已经到你的左边了，所以，我就给你买靠在左窗口的火车票。"

这位助理的话，让总裁大吃一惊，他没想到会享受到这么体贴入微的服务。这件事，促使他对合作公司的贸易额由200万法郎提高到1 000万法郎。他认为，合作公司的职员连一件细小的事情都能想得这么周到，那么跟他们做生意还有什么不放心的呢？

在生活中，我们经常会听到这样的声音："这样的小事情你都做不好，你还能做好什么？""老板也真是的，总是让我做些芝麻大的小事，我可不是来打杂的。""上司真有毛病，明明这不是我的任务，却让我干。"等等。

有许多人认为，成就大事就应当不在乎小节，殊不知连小事都完成不好，大事又怎么能做好呢？海尔总裁张瑞敏就曾说过："只有把每一件简单的事情做好，才能变得不平凡。"正是有这份执着，海尔才能越做越大，从一个濒临倒闭的冰箱小厂，最终发展成为驰名全球的家电品牌。

这一天，屋外下着倾盆大雨，一个穿着十分简朴的老太太，步履蹒跚地进了费城百货公司。她身上全部都是雨水，从进入到百货公司的那一刻起，几乎所有的营业员都对她爱理不理，甚至避而远之。

"太太，您需要什么帮助吗？"正在这时，一位年轻的营业员笑容可掬地向她走了过来，并亲切地问候。

"谢谢，不用了。"老人莞尔一笑后，继续说道："我就在这里躲会儿雨，马上就走。"话刚说出口，她就觉得有些不安，心想不买东西光在人家屋子里避雨，这似乎有点不近情理。于是，她准备用10美分在这里买一个小饰品，于是开始在店里转起来。

这时，那位年轻的营业员搬了把椅子，站在她的身边毕恭毕敬地说："太太，您别不好意思，您坐在门口休息就是了。"

没多久，雨便停了。老太太向年轻人道谢，又向他要了张名片，这才缓缓地走出了商店。

这只是一件很小的事情，所以年轻人并没放在心上。

一晃几个月过去了，一天，费城百货公司总经理罗布特接到一个电话，电话里请求他让一位年轻的营业员，前往苏格兰收取数家跨国公司年度办公用品的采购订单，罗布特惊喜万分，匆匆一算，就这一项收入，相当于公司两年的利润总和！

原来，打电话过来的是钢铁大王卡内基的秘书，而那位避雨的老太太，就是卡内基的母亲。当那位营业员——年轻的费勒前往苏格兰的时候，他已经成了这家百货公司的合伙人，那年，他才22岁。随后的几年，费勒以其过人的认真与细心，获得了卡内基的赏识，并且成为卡内基最得力的左膀右臂，最终成为美国钢铁行业仅次于卡内基的富可敌国的重量级人物。

年轻的费勒从一个普通的营业员成为公司的合伙人，又在卡内基的麾下迅速发迹。如果用一个词来形容他的成长史，那就是"一步登天"。但这仅仅只是巧合吗？当然不是。费勒并没有一双把人看透的"火眼金睛"，他只是凭着一股"进门就是客"的认真劲儿，让他的成功成了必然。

我们周围有很多"不拘小节"的年轻人，他们总认为，生活中的小事是不会影响到自己的幸福生活的，所以没必要把精力过多地放在这些小事上，而应该着重去关注那些重要的事情，通常这样想的年轻人，许多都没有什么大成就，因为那些他们以为没有多大价值的东西，其实往往正是成功的机遇，而"不拘小节"的他们，却都错过了。

其实，人这一生，都是由一件件小事构成的，而幸福的要诀正体现在这些小事上。任何一件小事都不应被敷衍应付或是轻视懈怠。

试想一下，倘若一个人总是不关注家庭、朋友、工作中的小事，而是只盯着那些大事，那么必然会丢失掉很多幸福。要明白，当你做好每一件小事的时候，离成功才会越来越近，而且完成每一件小事难道不正是幸福的体现吗？

你的认真，让整个世界如临大敌

每一个认真的人都有一个特点，那就是能够接受批评，而这也是我们每个人获得成长进步不可或缺的重要素质。但凡是那些能够取得成功的人，往往都能够虚心接受别人的批评，并且能够笑对别人的批评。因为他们很清楚，在这个世界上，任何人都可能会犯错误，不管是自觉或不自觉的。如果不能接受批评，不能心平气和地去面对自己的错误，然后改正它，那么人就永远无法取得进步，成功自然也就无从谈起了。

古人云："金无足赤，人无完人""人非圣贤，孰能无过"。明智的人都不抗拒批评，如唐太宗之所以能缔造出中国历史上最强大、最值得骄傲的伟大帝国——大唐盛世，在很大程度上离不开敢于直言进谏的大臣魏征的"批评"。如果他不能接受批评，而像秦始皇一样焚书坑儒去排斥批评，那么或许只会步秦灭之后尘。

所以，当别人批评你的时候，不如在暴跳如雷之前，心平气和地去听一听，用心分析一下别人的想法，觉得是对的便诚恳地接受批评，这不仅会赢得别人的尊敬和欣赏，而且还将促使你自己成长进步。请相信，当你能够认真地面对每一个批评时，你将让整个世界都如临大敌，就连命运也将为你而折腰。

有这样一个年轻人，是一家保险公司的推销员，虽然他工作很勤奋，但由于签不下保户，收入少得可怜，甚至连房子都租不起了，每天还要看尽人们的脸色，他觉得生活苦闷无比。

一天，年轻人来到一家寺庙向住持介绍投保的好处。

老和尚很有耐心地听他把话讲完，然后平静地说："听完你的介绍之后，丝毫引不起我投保的意愿，你要想做成保单，一定要具备一种强烈吸引对方的魅力，如果做不到这一点，将来就不会有什么前途可言……"

从寺庙里出来，年轻人一路思索着老和尚的话，若有所悟。如何才能提高自己的魅力呢？接下来，他组织了专门针对自己的"批评会"，请同事或客户吃饭，目的是让他们指出自己的缺点。

"你的个性太急躁了，常常沉不住气……"

"你有些自以为是，往往听不进别人的意见……"

"你面对的是形形色色的人，必须有丰富的知识，所以必须加强进修，以便能和客户找到共同的话题，拉近彼此之间的距离。"

年轻人把这些可贵的逆耳忠言一一记录下来，并且逐一改变自己的缺点。每一次把自己身上的缺点一点点改正后，就有一种被剥了一层皮的感觉，就像获得了新生一样。

随着时光的流逝，年轻人悄悄地蜕变着。到了1959年，他的销售业绩荣膺全日本之最，并从1948年起，连续15年保持全日本销售量第一的好成绩。这个年轻人就是被称为日本最伟大的推销员的原一平。

原一平的成功，关键在于他不仅能够诚恳地接受批评，真诚地承认自己的不足或错误，他还热烈地欢迎别人批评自己，并把批评的压力变成继续前进的动力，不断地改进自己的个人魅力和工作能力。这样一个认真对待工作、对待生活的人，无论在哪个领域，必定都能闯出自己的一片天地。

那么，说到这里，我们不禁要思考一下，为什么生活中有那么多人会害怕接受批评呢？从心理学上讲，这是因为批评就如有个人拿着镜子在你面前，使你不得不面对自己的一些缺点或弱点，但人的本性又是趋利避害的，所以我们总会不自觉地想要逃避，以为不听不看不想，一切就都不存在。

可事实上，我们都知道，错误不会因为逃避而消失，缺点也不会因为我们视而不见就真的不见。当别人拿着镜子让我们的一切都无所遁形之际，我们固然会感到羞愧难堪，但从另一个角度来看，这又何尝不是在督促我们看清自己，改过缺点，从而成为更好的自己呢？

无论你是小人物还是大人物，不管你是失败的还是成功的，生活中总是难免会犯各种各样的错误，既然如此，遭遇别人的批评时，大大方方、坦坦荡荡地承认自己的错误并不是什么丢面子的事情。更何况，谁都知道"多栽花，少栽刺"的道理，批评一个人也需要很大勇气，冒很大风险的，所以，对于那些愿意直言批评我们的人，我们都应怀一份感激之心。

虎年元宵晚会上，董卿在主持节目时现场背了一首欧阳修描写元宵节的古诗词，"去年元夜时，花市灯如书。月上柳梢头，人约黄昏后。"其中，本应该是"花市灯如昼"，念成了"花市灯如书"。

中国剧协副主席、著名剧作家魏明伦看节目时，发现董卿的这个错误，他向来对主持人念错别字深恶痛绝，于是立即通报媒体，为董卿纠错，说："这首词并不生僻，一个有正常文学修养的人都应该知道，而董卿作为一位在全国有影响力的节目主持人，却在节目中念错字，是不应该的。"第二天，全国很多家媒体都刊登了董卿念错字的消息，一时间董卿站在了风口浪尖上。

面对这样的批评，董卿是怎么做的呢？她给魏明伦发了短信，很诚恳地表达了自己的歉意和对魏老师的感谢："我的确是把'花市灯如昼'说成了'花市灯如书'，非常遗憾，也万分抱歉。您的指正，不仅及时纠正了我的错误，也为我今后的工作敲响了警钟！作为一名主持人，我应该以更严谨、更务实、更细致、更刻苦的态度去对待每一项工作。再次感谢您的指正，同时，虚心接受观众的批评。"

鉴于董卿真诚接受批评的态度，魏明伦向媒体表示："现在主持人念错别字的情况比较多，我认为董卿道歉态度诚恳，敢于认错！敢于承担责任！特别是这一句'虚心接受观众的批评'，我要向她致敬！"

在很短的时间里，董卿由一个被批评者成为被欣赏者，这其中的关键就在于她怀着感激的心，真诚地接受了批评。试想，如果她害怕被批评，不肯接受批评，一味地"护短"，那么恐怕只能使自己失去人心民意，最终毁了自己的美好形象，甚至前程。

每一个认真的人都不会拒绝批评，因为他们知道"良药苦口利于病，忠言逆耳利于行"。只有能吃下苦药，听进苦话，我们才能让自己的工作精益求精，才能让自己一天比一天获得更多的进步和提高。

感谢那些愿意批评你的人吧！用温暖的笑容去接纳他们发自内心的建议，用宽容大度的心去感谢他们愿意免费借出的"镜子"，因为有了这些批评，我们才能把自身的一些缺点或弱点看得更加清晰，从而重新评估自己的价值，不断地完善自我，认真把人生的每一分钟都过得尽善尽美。

"伟大"就是用一生把一件事做到尽善尽美

命运会给你一把神奇的钥匙——这把"神奇之钥"将构成一股无法抗拒的力量，它将打开你的心房，让你进入自己所有潜在能力的宝库，它将打开通往财富之门，打开通往荣誉之门，能使悲哀变成快乐，使失败者变为胜利者。

这把"神奇之钥"是什么呢？是专心！

一个人的精力是有限的，时间同样也是有限的，在我们有生之年，能找准自己要做的事情已经很不容易；而更不容易的是，能抗拒潮流的冲击，一直专心地做自己的事情，哪怕一生只做好一件事。

记得曾经看过一个令人深思的漫画：

一个人在凿井，凿一处，还很清浅，没有见水就换一处；又凿了很浅，还没有见水，就再换一处，……他一连凿了好几处，都没有见水。另一个人，在一处凿井，一直凿下去，终于见到了水。

如果你总是不够专心，东一锹，西一锹，浅尝辄止，那么无论这土地多么地松软，你也凿不到水源，还不如趁早沉下心来，坚持不懈地去凿一口井。这正如罗曼·罗兰所言，"与其花许多时间和精力去凿许多浅井，不如花同样的时间和精力去凿一口深井"。

人生其实就像凿井一样，想要成功，并不需要强迫自己成为"百事通"，相反地，你其实只需要专心于某一个方面，并努力朝着自己的方向走下去，保证在某一个方面有较深的造诣，这样就能够做得出色，就能够出类拔萃，就能够有所作为。所谓的伟大其实很简单，就是用一生，去把一件事情做到尽善尽美。

对事情专心，一生只做好一件事，并非不求上进，也非懒惰。它是一种锲而不舍、全神贯注的追求，不但要有魄力，而且要有定力，能够摆脱其他外物的诱惑，不为一切名利权位而中途改道。

我们不妨来看一个真实的故事：

有位清洁工在世界著名的希尔顿饭店工作了将近二十年，一直在洗手间做保洁工作。他总是将洗手间打扫得干干净净，甚至自己破费在洗手间放上一瓶高级香水，客人进来都能闻到一股芳香的味道，对他的良好服务交口称赞。

曾有朋友劝他换份工作，他却骄傲地说："我为什么要换工作呢？做洗手间保洁工作有什么不好的，我相信我是世界上将保洁工作做得最好的员工之一，我是优秀的。而且我每天都能认识不同的人，有机会学习不同国家的语言，现在我的朋友遍布五湖四海，这些都是我最大的幸福。"

后来，不少客人冲着这位清洁工专门入住希尔顿，他也因此被提拔为后勤主管。

对于很多人来说，清洁工作并不是一份多么有难度或多么特别的工作，但这位清洁工却能够把这样一件看上去没有任何特别的工作做到尽善尽美，最终得到了领导的赏识和公司的重用。试想一下，如果他见异思迁或是四面出击，被人拉去做这做那，那么到最后会怎样呢？他可能会做很多事情，可能会胜任很多岗位，但我相信，不会有任何一件事情或任何一个岗位能做到极致，那么他恐怕也无法得到领导和公司的认可，毕竟即便每件事都做到了优秀，他也无法成为公司不可或缺的那个人。

在当今社会，急于成功、喜欢跳槽的人真的太多了，可为什么不少人跳来跳去，最终依然是一事无成呢？要知道，任何一件事情，想要做到尽善尽美，都是需要付出大量的时间和精力去坚持的，如果无法做到这一点，那么不管你做多少事情，恐怕都只能"仅此而已"。

如果希望获得成功的青睐，那么就从现在开始，专心做好自己手头的工作，那么加薪升职都会统统向你报到。也许，你觉得自己的岗位很平凡，自己的工作很普通，但是请你回头看看淘粪工人时传祥、石油工人王进喜、公交车售票员李素丽……他们中的哪一个不是在平凡的岗位上做出了不平凡的事迹？

还记得"水滴石穿"的故事吗？水本来是世间至柔之物，但是当水专注的时候，一滴一滴地打在石头上，再坚硬的石头也会被砸出坑洞来。专注地做一件事情，你就有可能把平凡做成伟大。

20世纪八十年代，有一位在国内有一定影响力的花鸟画家，他16岁时就举办了个人画展，其中多幅作品被选送至日本、意大利、美国、法国、苏联等国展出，被誉为"画童""小天才"。

在一次画展招待会上，有人问画家："现在的画家很多，你是如何从众人中脱颖而出的呢？期间的过程是不是很不容易？"

画家微笑着摇摇头，回答："一点都不难，而且我差一点都当不了画家，小时候我兴趣非常广泛，也很要强。画画、游泳、拉手风琴、打篮球，必须都得第一才行，这当然是不可能的，有段时间我心灰意冷。"

众人都很好奇，画家解释道："老师知道后，找来一个漏斗和一捧玉米种子。让我双手放在漏斗下面接着，然后捡起一粒种子投到漏斗里面，种子便顺着漏斗滑到了我的手里。老师投了十几次，我的手中也就有了十几粒种子。然后，老师一次抓起满满的一把玉米粒放在漏斗里面，玉米粒相互挤着，竟一粒也没有掉下来。"

　　顿了顿，画家接着说道："经老师提点后，我放弃了游泳、篮球等兴趣，大半辈子都只坚持学习画画，这也许就是我画画比较好的原因吧。我想，如果我当初什么都学习的话，可能现在我什么都不是。"

　　有的人做了一辈子事儿，却没有一件能让人记住的；而有的人一辈子只做了一件事儿，就让人记住了。成功其实不是什么难事儿，最重要的就是你要能够收住心，能专心于一件事情上。当你能把一件事做到极致，做到尽善尽美的时候，平凡就能成就伟大。

　　所以请记住，无论你身在什么职位，从事怎样的工作，只要能坚持一心一意做好一件事，踏踏实实地去做好每一个环节，不断地深入与积累，你就能造就出令人惊叹的成就，赢得更多的掌声，收获更多的成功。

多自省，把热爱的事做到极致

自我反省是一次检阅自己的机会，也是一次重新认识自己的机会，更是一次提升自己的机会，是自我修养的最高境界。在面对错误和缺点的时候，是选择消极地逃避，还是积极地自省，将在很大程度上影响一个人的前途和命运。

鉴于此，如果你要想赢得事业上的成功和人生的辉煌，那么就必须改变对自省的恐惧心理，让自己勇敢一点，在工作和生活中时常自省，并养成善于自省的好习惯，从中不断得到修正，做更加完美的自己，以完美的态度去做人做事。如此，我们才能真正把自己所热爱的事做到极致、做到无悔。

英国著名小说家狄更斯的作品是非常出色的，他的主要作品《匹克威克外传》《雾都孤儿》《双城记》《老古玩店》《艰难时世》《我们共同的朋友》等，均受到了读者热烈的追捧，他的成功秘诀便是自省！

在写作过程中，狄更斯对自己有一个要求，那就是没有认真检查过的内容，绝不轻易地读给公众听。每天，他会把写好的内容读一遍，每天去发现问题，然后不断改正；作品写完后还要花上一段时间不断修改。直到最后定稿，这一过程往往需要花费几个月甚至几年的时间。但是，正是这种不断自我反省、自我修正的态度，狄更斯的作品笔墨精雅深奥、结构简练完美、悬念重重设置又富有创造性的探索。

人生就像写作，初稿总免不了存在这样那样的缺陷，想要谱写一部完美的作品，就得不断自省、不断修正，就好比狄更斯的作品，若是没有那一遍遍的千锤百炼，又怎能锻造出那样撼动人心的文字呢？

在这个世界上，每个人都不是完美无缺、十全十美的，总会有个性上的缺陷、智慧上的不足。没有人能保证自己每一件事都做得对，都不犯错误，重要的是，你以什么样的态度对待自己的过失、不足和错误。

日本"保险行销之神"原一平每天晚上8点都会进行自我反省，他把这一点列入了自己每天的计划之中，把反省当成了每天必须要完成的工作。而正是因为这一习惯，使得他最终摘取了日本保险史上"销售之王"的桂冠。谈及自己的成功时，他这样总结道，"如果每个人都能把自我反省提前几十年，便有50%的人可能让自己成为一名了不起的人。"

华为集团总裁任正非也是一个很注重自我反省的人，正是受他的影响，华为集团也因此布满了自省意识和危机意识，最终在日益激烈的竞争中跟上时代的步伐，实现快速转型，并获得机遇和成功。

华为集团是一家全球领先的电信解决方案供应商，在军人出身的任正非总裁的带领下，华为在业界演绎了一幕幕传奇，缔造出了一个个神话。任正非所提倡的企业文化之一便是自省！

2000年，正当企业如日中天的时候，任正非满怀忧患地写下了《华为的冬天》一文，文中说道："十年来我天天思考的都是失败，对成功视而不见，也没有什么荣誉感、自豪感，而是考虑怎样才能活下去，怎样才能存活得久一些。失败这一天是一定会到来，大家要准备迎接，这是我从不动摇的看法，也是历史规律。"

唯有反省才能进步，一个人不管失去多少，只要还能够自我反省，就没有完全失败。人不仅要学会在逆境中反省，更要在顺境时反省，只有这样，我们才能在不断的探索中获得进步，并在不断地改进中得以提升，以及在不断地总结中得到指引。

道理说起来简单，但可惜，在生活中，似乎大多数人都"长于责人，拙于责己"。说起别人来的时候一套一套的，到自己说错话、做错事、得罪人的时候，却往往不愿意、不善于从自己身上找原因了，好像觉得自己说的做的都是对的，都是有道理的，将责任都推到别人头上，一味地去抱怨别人。

殊不知，"君子博学而日参省乎已，则知明之行无过矣"，唯有"反求诸己"，反省自己的行为，时时剖析自己，知道自己不善之处，我们才能不断改善自己、提高自己。可以说，反省是一个人走向成熟与成功的必经之路。

反省自我要求的是"反求诸己"，说白了，就是寻找自己的缺点或者做得不好的地方，这就犹如用锋利的手术刀解剖自己，毫无疑问是痛苦的，而这也正是人们之所以不敢反省的主要原因。

需要注意的是，自省不仅是反面的，有时候正面的东西其实也需要我们加以总结巩固。正如邓小平所说的："过去的错误是我们的财富，过去的成功也是我们的财富。"简单来说就是，错则改之，对则勉之。

自省其实不是一件多么困难的事情，重要的是我们要能摆正心态，认识到自省对我们的生活究竟有多大的助益。为了能更好地反省自我，查漏补缺，我们不妨在每天结束工作时，先简单记录下工作过程，然后着重从工作态度、做事方法、工作进程入手，好好问自己下面的这些问题：

　　"我是否有偷懒的行为？是否尽了全力？有无浪费时间？"

　　"今天所做的事情，处理是否得当，是否说过不当的话？是否做过损害别人的事？"

　　"我今天做了多少事情，有无完成既定目标？有无进步？今天我到底学到些什么？"

　　"哪些方面下次我是可以改善的，怎么样做有可能会出现更好的结果？"……

　　只要坚持这样做下去，像天天洗脸、天天扫地那样天天自省，找到自己的缺点或者做得不好的地方，然后不断改正自我，不断挑战自我，不断超越自我，实现完美蜕变。那么，你一定可以把你所热爱的事做到极致，让生活获得圆满的成功。

尽力就是，把力用在正确的地方

成功者与庸人最大的区别就在于，庸人只想着赶紧完成眼前的事，而成功者则总是在思考：如何利用自己的才智、精力和体力才能最有效率地做完手上的一切事情。头脑懒惰比身体懒惰更可怕，头脑懒惰者往往不勤思考，于是总将自己的才智、精神和体力都空耗、糟蹋了，他们不见得比他人清闲多少，但却总是收效甚微。

西方有一句谚语："工作可以使一个人高贵，但也可能把他变成动物。"这就是说，那些高效率工作的人，会从工作中获得自己所想要的一切，而"瞎忙"之人，盲目且低效。

无论是在工作中还是在生活中，我们评判一个人是否懒惰，关键不在于看这个人是否忙碌，而是在于他是不是愿意思考。要知道，懒得动脑筋，那才是最大的懒惰。聪明人会把每一分钱都花在"刀刃上"，而智者更懂得将自己的时间用在最有效的地方，至于赢家，则从来不会在毫无裨益的事情上浪费自己的精力。

要知道，每个人的金钱、时间和精力都是有限的，你如果懒得动脑筋，让自己脱离瞎忙的状态，那必将一事无成，因为真正的尽力，是把力气都用到正确的地方。

公司职员小周委屈地向朋友抱怨说："我每天都很忙，却总被别人批评，说我有太多工作没完成，太懒惰。"

小周的样子看上去非常委屈，事实上在公司里，他看上去确实是最勤奋的，总是跑来跑去，忙得团团转。那么，小周到底是不是真的被误解，值得同情呢？我们不妨来看看小周的一天是怎么过的：

每天早晨，他被闹钟吵醒，懒腰也来不及伸一下，匆匆地跳下床，来不及吃早饭，在路边匆匆买上一份早点，马上冲入上班族的滚滚洪流中，然后进入写字楼，开始了一天的工作。

在公交车上，他害怕自己的贵重物品被盗，觉得每个人在拥挤的时候都不怀好意，他紧紧地看着钱包和手机。好不容易来到公司，从踏进办公室的时候开始，心里就热切地盼望午休，直到老板提醒，才突然想起昨天的工作还没做完，赶紧手忙脚乱地开始赶工。

好不容易到了中午，吃过便当之后，一边背着老板，在好友的QQ农场里偷菜，然后又看了自己套牢多日的股票。由于之前工作太赶，出了几个错误，临近下班时候，又赶紧手忙脚乱地开始修正……

到了下班时间，可今天的工作还没做完，怎么办呢？一边抱怨一边加班，眼看天色渐暗，最后一班地铁快要赶不上了，还是算了吧，把剩下的留到明天继续吧。

好不容易出了公司，随着潮水一样的人流涌入地铁，又转公交，拖着疲惫的身体，在座位上，或者靠着栏杆，昏沉地打着盹。接下来，一夜质量不高的睡眠，梦中噩梦不断，第二天早晨，又是一轮新的开始。好不容易盼到周五，接下来又是一次周而复始的循环……

上班盼着下班，下班盼着放假；周一开始盼着周末，周末又开始盼着长假。这就是"小周们"每天上班时候脑子里在想的东西，他们生命中的分分秒秒都是在一种无聊和郁闷中打发掉的，他们没有一刻不是步履急促，却最终连自己在忙什么都搞不清楚。这样的他们，哪怕把自己忙死，也难以赢得成功。

归根结底，出现这样的情况，是因为他们的内心里总是在试图敷衍工作，敷衍一切事情。虽然他们看上去总是很忙碌，他们嘴上或许总是挂着"我尽力了"四个字，但从根本上讲，他们的内心其实都是懒惰的，因为他们不愿意思考自己的真正价值，更不愿意去实现自己的价值，他们的生命在瞎忙中一点点浪费，最终的下场和什么也不做的"懒人"几乎没什么不同。

在我们的周围，有这样两种人：

有一种人，不管你在什么时候看见他，他都是忙忙碌碌的样子。如果要和他说话，他也会告诉你只有几分钟时间，谈话时间稍微长一点，他就会一遍一遍地看手表，这是在无言的提醒你："我很忙，请快一点。"可事实上是，他虽然很忙，却没有太大的成绩。究其原因，主要是他不善于合理安排自己的工作，在工作时毫无秩序，做起事来也经常因为没有章法而陷入混乱，结果，这种人的事业往往是一团糟。

而另外一种人则恰恰相反。他从来都显得气定神闲，做事也非常冷静。他秩序井然地打理着各种事物，应对各种问题。他勤于工作，但同时也热衷享乐。他有一连几个日夜拼命工作的时候，却也有一连几天在外度假的安逸，这样的人无论在生活上还是事业上都更容易赢得成功。

其实，那些看来忙忙碌碌，却始终毫无建树的人才是真正的懒惰之人。虽然他们看起来做了比别人更多的事情，但实际上造成这种结果，是因为他们从不愿意费心想想自己应该怎么做才能更有效率，所以他们只能是输家。

那么，怎样才能摆脱"瞎忙"，让自己的生活或工作变得有效率呢？这个前提就是，在享受生活的同时，也要拥有自己的理想和追求，绝不能无所事事。这样，才能给自己树立一个信念，并一直坚持下去。

比如你可以找一个自己喜欢的事业目标。很多时候人们之所以工作的不快乐，就是因为所从事的并非自己真正喜欢的事业。这样一来，虽然整天忙碌，但却不知道自己究竟为何而活，久而久之就会对工作感到乏味，对生活失去信心。

只要有了目标，有一个明确的追求，工作起来就不会感到乏味，也就不容易陷入安逸和懒惰。当然，这个目标不需要太离奇和荒诞。你可以试着将一个大目标划分成几个阶段，逐步实现。在达成这个目标后，要记得再树立第二个目标，否则一旦陷入目标达成之后的满足感之后，人就容易被惰性俘获。

有了目标，下一步就是要投入行动，这才是最关键的一环，否则光说不做是永远无法摆脱惰性的。这时，你可以制定一个详细的计划，自己或者找人叮嘱你分阶段、按步骤去完成，一直坚持到目标实现的那一天，到了那时，你不但能赢得成功，更能战胜惰性，赢得了自己。

当你感叹你已经尽力，却始终实现不了梦想的时候，不妨好好想一想，自己是不是真的尽力了。你要明白，忙碌不等于尽力，瞎忙除了让你虚弱不堪、力不从心之外，不会给你带来任何的赞誉和肯定。真正的尽力，是能充分利用好身体的每一点能量、体力、情感、才华，以最佳状态，竭尽全力地完成自己的任务，才能将自己的每一分力气都用在正确的地方，让其发挥最大的效用。

足够勤奋，足够努力，生活才永远不会辜负你

失败者们通常都有一个共性，那就是他们懒惰到连自己的本职工作都无法尽心尽力。而这样的人无论如何都是不可能取得成功的。无论任何一个人，想要成为生活的赢家，首先就要懂得承担自己的职责，而要做到这一点，我们首先要克服惰性，力求将自己应尽的责任和义务尽善尽美地完成。只有足够勤奋，足够努力，命运才会在你面前低头。

勤奋不是一种虚幻的想法，更不是嘴里喊叫的必胜口号，也不是脸上洋溢的热情微笑。勤奋是一种实实在在的执行力，那些只懂得做嘴上功夫，却不能将勤奋落实到实践中的人是不值得信任的。真正值得信任、能够成功的人，哪怕嘴上不说，也能在工作及生活中都做到尽职尽责、一丝不苟，而这也正是最值得称道的勤奋，因为具备这种责任感，出色的人才会与平庸者区分开来。

在生活中，我们大多数人所处的位置看上去可能并不那么重要，也不像许多成功人士那样耀眼。但即便我们只是平凡无奇的普通人，即便只是工作岗位上普普通通的员工，我们也同样有着自己应该承担的责任和义务，而这种责任和义务的强弱与我们的职务与身份都是无关的。

一个敢于承担责任，并且愿意为此而付出努力的人，无论处在什么样的位置，都能得到别人的尊重与认可。

在拿破仑时期，一位士兵骑马给拿破仑送战报。在途中，他的腿

不慎受了伤，而且整个遥远的路途中还有敌人设下的重重关卡。但他并未因此而退缩，甚至分秒都没有休息，整整三天三夜滴水未进，快马加鞭地飞奔到了拿破仑的面前。

当这份战报递到拿破仑手中的时候，这位完成自己使命的士兵才因体力不支，一下晕倒在了地上。而他所骑的那匹马也因为疲劳过度，一命呜呼了。

经过一小段时间的休憩后，士兵悠悠转醒。拿破仑又起草了一封信让他转送，并吩咐他骑上自己的马，迅速将信送到。士兵看到那匹装饰得无比华丽的骏马，拒绝了。他说："将军，我只是个士兵，不配骑这匹华丽的骏马。"

但拿破仑却说："世上没有一样东西，是勤劳勇敢的法兰西士兵不配享有的。从此，这匹骏马将永远属于你。"

就这样，拿破仑将自己心爱的坐骑赠予了这名士兵，在众人尊敬的目光下，士兵骑上骏马，再次踏上了征途。

能够勤于自己本职工作的人，都是有担当、有尊严的人，就像这位给拿破仑送信的普通士兵，在场者几乎没有人知道他的名字，但却都被他那种忠于自己本职工作的精神感动了，被他的气场征服了，而他也因此受到了这些人的尊重。

在勤劳中恪职尽守与在懒惰中虚度光阴有时只是一念之差。著名的国际投资大师约翰·坦普尔顿通过大量的观察研究，得出了一条非常重要的原理——"多一盎司定律"。约翰·坦普尔顿指出，取得很大成绩的人与取得中等成绩的人几乎做了差不多一样多的工作，他们所做出的努力差别很小，只是"多了一盎司而已"，可就是这多出来的"一盎司"，却最终拉开了双方的距离。生活中很多事情其实都是如此，只需要多那么一点儿的努力付出，就能让我们收获到更好的结果。

通用电气董事长杰克·韦尔奇曾在一次采访中提到，看一个员工是否称职，是否热爱他的工作，只要看看他做事够不够勤奋和努力，以及有没有责任感就够了。一个人，如果缺乏责任感，不能在勤劳中恪尽职守，那么这个人就只能浑浑噩噩地混日子，因为他们总是会有借口逃避工作，推卸责任，同时还伴有抱怨和敷衍等消极的元素在其中，这样的人，无论生活还是工作，都只会变得一团糟；而那些勤奋努力、具有责任感的人，则永远都是一副积极的、热情的样子，哪怕是最枯燥乏味的工作和生活，他们也有本事让它变得生动起来。

杰克·沃特曼在退伍后加入了职业棒球队，但没过多久，他就被球队经理开除了。经理对他说："你总是慢吞吞的，一点都不像在球场上混了二十多年的样子，离开这里，不管你去哪儿，做什么，如果你还是这样提不起精神，那么你永远都别指望有出路。"这句话深深烙印在了杰克心里，这恐怕是他有生以来遭受过的最大打击了。

杰克一直牢记着这句话，后来他加入了亚特兰大队，月薪只有25美元。薪水少，自然影响他做事的激情和动力，但他告诫自己，一定要努力。在加入球队十天以后，一位老队员介绍他到德克萨斯队。在抵达球队的第二天，他的人生就发生了重大的转变——杰克发誓，要做德克萨斯队最有责任感的队员。

结果，他做到了。在接受记者采访的时候，杰克说："我一上场，身上就像带了电。我强力地击出高球，让对方的双手都麻木了。当时的气温很高，我在球场上跑来跑去，很有可能中暑，但是，我的球技却更好，而且由于我的责任感，队友们也都积极起来。"

　　第二天早晨，他登上了当地报纸的头条。报纸上是这样介绍杰克的，"那位新加入的球员，简直就是一个霹雳球手，全队的其他人都受了他的影响，充满了活力，他们不但赢了，而且是本赛季最精彩的一场比赛。"

　　后来，有人问杰克："你是如何做到这一点的？"杰克说："因为我感觉到了自己的责任，除此之外，没有任何别的原因。"

　　只要愿意努力，任何付出都将得到回报，这是命运给予我们最美好也最公平的一条定律。不可否认，人的能力的确存在强弱之分，这种强弱很大一部分取决于人的天赋，是人力所无法改变的。但有一点却是每个人都能够做到的，那就是让自己更勤快、更有责任感一些。

　　一个人如果充满责任感，就会将集体的利益视为自己的利益，将集体的得失视为自己的得失，关心集体的命运就像关心自己的命运一样。有句话说："人在做，天在看。"任何的努力与付出，最终都不会白费。你的行为总会被周围的人纳入眼中，而你的勤奋也终归会给你带来好运气。生活从不会辜负你的付出，只要你肯努力，哪怕微小如尘埃，也终将能得到时光的善待。

　　当你抱怨自己得到的太少时，不妨回想一下付出的是否足够多。你每天早晨醒来的时候，是否因想到要上班而感到不快？当你做事情的时候，是否因觉得疲累而无精打采？当你和朋友谈笑娱乐的时候，是否也不忘抱怨自己的工作与生活是多么无聊与枯燥？

　　如果是，那么在此不得不提醒你：你对自己从事的工作和事业没有丝毫忠于职守的意识，你是个没有奋斗目标的人。这样的你，凭什么责怪生活回报你的太少？你大概会说："要是让我去做一项大事业，我也会非常勤劳的。"要知道，这个世界上没有什么微不足道的小事，真正勤奋的人，不管做什么样的事都会倾注全部的热情。也只有这样的人，才有资格成为生活最终的赢家。所以，请记住，只要足够勤奋，足够努力，那么生活就永远不会辜负你。

PART 3 / 想要的就去争取，
这世界从不缺想想而已的人

梦想再美，照不进现实也只是虚妄；主意再妙，不付诸行动便终无价值。人生苦短，遇到想要的便勇敢去争取，这个世界从来都不缺想想而已的人。别在该努力的年纪选择安逸，更别在该进取的时刻选择退缩，只有积极行动起来，把握现在，才能拥有最美的未来。

谁都知道要努力，但真正做到的人却不多

想要成功就得去努力，这个道理谁都知道，但在生活中，能够真正做到，并一直坚持到底一直努力的人，却是少数，这也正是为什么在这个世界上，失败的人永远都比成功的人要多的缘故。

李宗盛是一位非常优秀的歌手，他的优秀不仅仅因为他的音乐，更因为他对待生活和追求理想的努力与坚持。李宗盛的音乐道路其实也并不是一帆风顺的，当年，怀抱着音乐理想的他，却并未如愿考入音乐学院，但他并未因此就气馁，而是重重地跺了一下双脚，把自己的右手慢慢地抬起来，大声地对自己说："音乐，以后我就干这一行了！"

对于别人来说，那样的一句话或许只是情绪堆叠到顶点时的脱口而出，但李宗盛却真的把那句话当成了对自己的承诺，并一直努力地向着那个目标追寻，坚持不懈地将那颗梦想的种子深深种进了心底。这一坚持就是十余年，而李宗盛也真的成了一名响当当的人物——"实力派"词曲作家和唱片制作人。

虽然李宗盛已经到了知天命的年龄，但是，他依然并未停下追逐音乐的脚步。他和同样热爱音乐的罗大佑、周华健、张震岳成立了"纵贯线"组合，又掀起了音乐的阵阵浪潮。曾经有媒体采访他，问他为什么可以数十年如一日地坚持追求音乐，当时，他是这样回答的，他说："因为热爱，以前说过要干这一行，我怎能食言呢！"

他说的努力，他说的坚持，从来不是一句随随便便的话语，所

以，他成功了，用半生的光阴，用全部的努力，争取到了自己真正想要的东西。

其实，每个人身上都蕴藏着成功的天赋，它就像金子一般，在平淡的生活中为我们增添耀眼的美丽。只是，有的人通过自己的努力，坚持不懈地雕琢着自己，最终把自己变成了一件华丽的艺术品；而有的人呢，却任由这些闪光点落满灰尘，最终只能让自己与平庸为伍。

努力不是说说而已，无论身处何处，我们都不该轻易放弃梦想，给自己一个承诺，然后为了它努力奋斗，只要坚持下去，那么迟早有一天，命运会向你展开微笑的脸庞，从此你的生活也会发生翻天覆地的变化。

一天，大家得知一则消息——北京王府井饭店要公开招人。其中，有个年轻人名叫段云松，他得到了一个宝贵的面试机会，因此成了一名行李员。

一次，香港首富李嘉诚下榻王府井饭店，段云松负责给他提行李。因为李嘉诚的入住，饭店特意举行了欢迎仪式，在众多人的簇拥之下，李嘉诚的步伐越走越快，而段云松同时拎着两个重箱子，气喘吁吁，最后将箱子送到了李嘉诚的房间，随从的人随手递给了段云松几元钱作为小费。

实际上，段云松作为行李员，为上流人士拎包，他不仅没有自卑感，而且还有自豪感，但更多的是激励。他心想："我进王府井饭店就是想看看，到底是什么身份的人才能住如此高级的饭店，为何他们可以，我就不可以呢？"李嘉诚等成功人士的气质和风度，深深吸引了段云松，他从此也经常告诉自己说："我一定要成功！"

没过多久，饭店来了一个旅行团，段云松和一个同事同时为他们搬运行李，把两人都累坏了。后来，两个人跑到饭店的楼顶去吸烟，望着人山人海的王府井大街，段云松突然说道："将来，这里会有我的一辆车，会有我的一栋房。"他的同事听后，竟然嘲笑了段云松一番。

没过多久，段云松毅然辞掉了饭店的这份工作，开始四处寻找商业机会。很快，段云松在长安街民族饭店对面承包了一家小饭馆，一年时间过去了，他净赚了十多万元。

紧接着，他又包下了一个场地搞餐饮，在院内找了个合适的位置养了几只大鹅，又设法找来了篱笆、牛绳、辘轳、风车、风箱等，另外，还找人专门砌了口灶。忆苦思甜大杂院开张营业没多久，来这里吃饭的人便络绎不绝。段云松每天的营业额就超过了一万元，三年时间过后，他净赚了一千万还多。

过了一段时间，段云松开始厌烦餐厅里这种喧闹、嘈杂、虚伪、以钱为主色调的日子，心想："除了这些，我还能做什么呢？"

到了1994年末，段云松竟然又开起了茶馆，最初的时候，生意很冷清，但段云松告诉自己说："不用怕，迟早会挺过去的！"后来段云松终于等到了茶艺市场的启动，那一年是1997年。

接下来，段云松马不停蹄地又建起了第一家茶艺表演队，代培茶艺小姐，批发茶叶茶具，为开茶艺店者提供各种各样的服务，与此同时，还筹建了北京第一所茶艺学校……

有一次，段云松诙谐地说，一天，他去王府井饭店办事，令他万万没有想到的是，前来为他提行李的人，竟然是十年前嘲笑他的那位同事。

想要的就去争取、就去努力，别只是说说而已。把想法付诸实践，然后努力坚持，这比任何东西都重要，因为只要能做到这一点，就意味着你给了自己一颗奋斗不止的雄心，它能给我们每个人带来很多动力，同时还会激励我们不断向前。

　　生活需要通过努力的奋斗去开辟，梦想需要勇往直前的坚持来支撑，别让生活中的琐事来惊扰你的内心，学会时时刻刻看到事情光亮的一面，学会乐观积极地为自己尽力争取，学会用坚强挑战生命中的每一个艰难时刻，学会不怨不怒，无所畏惧地迈开前行的步伐，学会以宽广的胸怀去主动拥抱未来的成功，如此，生活终将给你相应的回报，命运终将为你而折腰。

　　在现实生活和工作中，谁都知道要努力，但真正能够做到的人却不多，所以，这个世界上，失败者总是比成功者要多得多。那么，你想成为哪一种人呢？是那种只会把努力挂在嘴上，却从来不曾真正付出过行动的失败者；还是那种努力挥洒汗水，挺过伤痛，终于让梦想生根发芽、开花结果的成功者呢？你的选择决定了你的结局，你的付出决定了你的命运。

千万别在最好的年纪选择安逸

某天接到朋友的电话，听到他喋喋不休地抱怨：

"真烦！什么事儿都找我！"

"我为什么这么倒霉，别人都不用做，就只有我要做。"

面对日常繁重的工作，很多人都曾有过这样的抱怨，觉得老板对不起自己，觉得自己的付出得不到相应的回报，觉得那微薄的工资根本对不起自己终日的忙碌不休。然而，有这样抱怨的你是否想过，在这个生活压力越来越大，竞争越来越激烈的年代，能"一人当多人用"的人，其实恰恰正是最有价值的人，也是站得最稳的人。等哪天你真的空闲了安逸下来，老板但凡有什么事也都不再找你的时候，恐怕再想哭都来不及了。

在人生的道路上，你所付出的一切，即便不能立刻收到回报，生活也终将会在未来的某一时刻以另外一种方式回馈给你。所以，别在最好的年纪选择安逸，你此时付出的辛劳与汗水，必然会给你带来不可估量的回报。

日本著名企业家松下幸之助曾经说过这样一段话："狮子故意把自己的孩子推到深谷，让它从危险中挣扎求生，这个气魄太大了。虽然这种方式太残酷，然而，在这种严格的考验之下，小狮子在以后的生存过程中才不会泄气。在一次又一次地跌落山涧之后，它拼命地、认真地、一步步地爬起来。它自己从深谷爬起来的时候，才会体会到'不依靠别人，凭自己的力量前进'的可贵，狮子的雄壮便是这样养成的。"

安逸的环境永远养不出万兽之王的气魄，只有经历过风雨，付出过努力，才能拥有登上巅峰的能力。

那些目光短浅的人，总以为混日子是件轻松又惬意的事。殊不知，那些在安逸中混过的时光，消耗的不仅是我们的时间，更是我们的生命与未来。当你在安逸中沉沦时，无数的人却在努力向前奔跑，等有一天，你被远远落在后面，被社会残酷淘汰的时候，一切就都来不及了。

古人其实早已告诫过我们：生于忧患，死于安乐。这其实不难理解，请想一想，在现实生活中，有哪家公司聘请员工，是要员工去享福、领干薪的？那些抱着混日子的想法来工作的人，一则无法持久，二则前途渺茫。若你希望自己是前途无量而非"无亮"，那么首先就得让企业主感到"物有所值"，再来力求"物超所值"，如此才有机会在公司占得一席之地。所以，不管怎么说，提高自己的竞争力才是让自己脱颖而出的最好办法。

无论是工作还是生活，我们其实都有两种选择：第一，得过且过，能躲就躲，每天混吃等死地做完手头上的活，盼着下班、放假、发薪水；第二，积极主动地自我提高，付出更多努力证明自己的价值，成为一堆石头里会发光的金子。

不同的选择，自然将会带给我们截然不同的结果。选择逃避工作，纵情享乐，我们或许能得到一时的轻松和愉悦，如果运气好，甚至能在既有的职位上继续平平稳稳地混下去，而若是运气不好，则可能在裁员名单公布之后卷铺盖走人。如果选择自我提高，努力工作，我们或许会迎来比别人更多的忙碌和加班，但是请放心，升职加薪，必定会有我们的一席之地，而瘦身裁员，想必我们也无缘会上榜。

生活其实是很公平的，你付出多少，日后便能收获多少；你享受多少，未来也必然要还回多少。命运从来不会辜负努力的人，所以，千万别在最该奋斗的年纪选择安逸。

安妮大学毕业后，进入了一家大型企业当秘书。每天，她的工作都很简单：整理、撰写材料、收发信件。

一开始，安妮觉得这样的工作非常无聊，每天只是面无表情地、机械地做着这些事情，等着下班，等着发薪水。

后来有一天，老板经过安妮的座位旁时，却突然停了下来，对她说道："我知道你觉得工作很无聊，但是或许你可以尝试从中找点乐趣。我相信，哪怕世界上最枯燥乏味的工作，也有值得学习和回味的东西。"

老板的话令安妮深有触动，从那以后，安妮心中对于工作的激情仿佛被点燃了一般，她开始认真关注每一份经过她手里的文件，甚至主动去做一些工作职责之外的事情，比如研究并学习老板的口吻，然后代替老板给一些客户回信等。

这些工作让安妮渐渐懂得了不少管理和经营一家公司所需要的思想和理念，同时也让她发现了公司在运营管理中存在的一些问题。后来，安妮开始细心地搜集一些资料，并进行了分类和整理，有针对性地写下了一些自己对公司的建议。

为了将这份建议做得十全十美，安妮顾不上休息，查询了很多有关经营方面的书籍，最后，她把打印好的分析结果和有关证明资料一并交给了老板。老板当时很忙，根本没有注意到这份资料，只是随手接过来放在了一边。安妮对此也并不在意，仍然充满激情地做着她那份无聊又无趣的工作。

后来有一天，老板意外发现了安妮的这份建议。读完后，老板大吃一惊，没想到自己当初一句无心的建议，竟会对这个原本对工作毫无激情的女秘书造成这么大的影响。当然，最没想到的还是，这个年轻的姑娘竟然会有如此独到、令人欣赏的见解。

后来，安妮的大部分建议都被老板加入了公司的章程当中，而安妮也被老板委以重任，此后更是破格提拔做了公司的总经理。

公司在聘用员工的时候，往往都会设下期望值，而期望值的依据通常是学历、能力和资历。当个人表现和公司期望相吻合时，会被认为是"物有所值"；当个人表现超越了公司期望，就会被认为是"物超所值"。表面上看来，公司赚到了，但实际上应该说是"双赢"才对，因为当个人价值越高，企业对其的依赖度就会越深，这就形同一种保障，让你能够在激烈的竞争中屹立不倒。

我们在职场上辛苦耕耘，无非是希望职位能越爬越高、薪水袋的厚度能越来越厚。既然我们的目标如此简单，与其成天计较工作内容的多寡，为什么不把心思放在提升自我价值上呢，要知道，没有一个老板喜欢做亏本的生意，若是不证明自己的价值，不付出相应的劳动力，老板又凭什么花费财力物力来为我们提供晋升的平台和空间呢？

现在的你还不到纵情享乐的时候，只要你还有梦想，还对未来有所期盼，还存有哪怕一丝建功立业的雄心，就不能停下前进的步伐。你得学习、得进步、得不断提升自己的价值。不要总是先忙着计较得失，也不要总是把目光放到那些偷懒享乐的人身上，你的努力终究会有回报，你的付出总有一天会让你看到物超所值的结果。

凡出人头地的人，都是自己创造运气的

著名剧作家萧伯纳曾说过一句非常富有哲理的话："人们总是把自己的现状归咎于运气，而我不相信运气。我认为，凡出人头地的人，都是自己主动去寻找自己所追求目标的运气；如果找不到，他们就去创造运气。"

对于每个人来说，机会都是非常重要的，犹如命运的恩赐，不管你在什么岗位，从事何种工作，任何机会都很可能令你大展才华，得到老板的重用，取得事业上的成功，可以这么说，机会就像是成功的"催化剂"，它或许不能创造成功，却能有效地缩短我们与成功之间的距离，帮助我们搭建通往成功的桥梁。

虽说机会犹如命运的恩赐，但它却并不是一个被动的过程，它需要积极的准备，需要主动出击。那些能够取得成功的人，从来不会站在原地等待"好心人"送来机会，而是主动扑向机会，然后用机会来"催化"自己的成功。

所以，如果你因为自己在成功路上走得太过缓慢而不自觉地埋怨自己运气不好，责备自己生不逢时，或埋怨别人没有给自己好机会时，不妨问问自己：为什么不主动去寻找机会呢？为什么以为只要站在原地，机会就会不请自来呢？要知道，那些但凡能出人头地的人，从来都是靠自己本身去创造运气、寻求机会的。

20岁时开始领导微软，31岁时成为有史以来最年轻的亿万富翁，39岁时身价一举超越华尔街股市大亨沃伦·巴菲特而成为世界首富……不少人把比尔·盖茨的成功称为难以置信的神话，他的成功不是靠幸运取得的。

盖茨是为电脑而生的，他从中学时期就迷上了电脑，从此就再无心上其他课，每天都泡在计算机中心。在以全国资优学生的身份进入了哈佛大学后，他更是经常逃课，一连几天待在电脑实验室里整晚整晚地写程序、打游戏。

1975冬，盖茨和好友保罗从MITS的Altair机器得到了灵感的启示，看到了商机和未来电脑的发展方向，于是他们就给MITS创办人罗伯茨打电话，说可以为Altair提供一套BASIC编译器。就这样，两个月通宵达旦的心血和智慧产生了世界上第一个BASIC编译器，MITS对此非常满意。

三个月之后，盖茨敏感地意识到，计算机的发展太快了，等大学毕业之后，他可能就失去了一个千载难逢的好机会，所以，他毅然决然地退学了。然后，和保罗创立了微软公司，自此走上了靠电脑软件创造巨大财富之路……

对于自己的成功，比尔·盖茨说："你认为机会什么时候会来到？机会是我们自己创造出来的，要是我等着别人给我工作的机会，那么现在我可能还是一个打工者。微软最需要的，正是那些能够用行动创造机会的人。"

那些事业取得成功、建立了轰轰烈烈的伟绩、堪称成功中的佼佼者的人，大多信奉机会不是等来的，而是自己创造出来的，所以，他们总能够用自己的行动创造机会，为自己赢取成功的筹码。

机会是一种巨大的财富，但"机不可失，失不再来"，很多时候，机会往往就只有那么一次。能够把握机会是一种运气，也请你相信，运气完全可以自己去创造的。不去主动争取，你将永远不知道自己能有多大能量，不去尝试创造，你将永远不知道自己离成功有多近。

　　有一位卖馅饼的老师傅曾这样说过："我从来不等着天上掉馅饼：第一，天上绝对不会掉馅饼；第二，即使天上掉馅饼，也未必会被我捡到，它不是被人抢走，就是砸破我的脑袋。所以我决定自己做馅饼。"的确如此，天上不会掉馅饼，与其在那苦苦等待馅饼，不如靠自己做馅饼。弱者等待机会，而强者创造机会。

　　赵雯和刘佩佩是一对好朋友，两人拥有一个相同的职业理想，即做一名电视节目主持人。大学毕业后，两人跑遍了A城的每一个广播电台和电视台，但是得到的回答却是："对不起，我们只雇佣有工作经验的人。"

　　赵雯变得焦急、苦闷，不断地企求上天能赐给自己一个机会，她经常对别人说："我充分相信自己在主持工作方面的才能，只要有人能给我一次上电视的机会，我相信自己准能成功。"但是她等待了一年多的时间，一直没有人给她提供这个机会。

　　刘佩佩是如何做的呢？

　　不给工作机会，怎么能获得经验呢？刘佩佩觉得这个要求太不合理，倔强的她开始为自己创造机会，她仔细浏览广播电视方面的各种招聘信息，过了十几天后终于发现某县正在电视台招聘主持人的消息。该县在山区，偏远荒凉、经济落后，可是刘佩佩已经顾不了那么多了，她想：只要能和电视沾上边儿，能让我主持节目，让我去哪里都行。

　　刘佩佩这一去就是一年，在这一年的工作时间里，她积累了丰富的工作经验，主持能力也提高了不少。当她再次到市电视台应聘的时候，轻而易举就找到了一个职位，并逐渐成为了一名非常著名的主持人。

　　赵雯和刘佩佩的经历很好地说明了一个道理：机会不是被动的过程，它需要积极的准备，更需要主动出击。只会站在原地等待机会送上门的人，是永远无法取得成功的。这个世界永远都是"僧多粥少"，你必须积极地相信自己，并且主动地勇敢冲上前，才能将机会抢在手里，从而"催化"成功。

　　要知道，机会从来不会从天而降，全在于我们自己去发现、去挖掘、去创造，如果你天真地相信好机会在别的地方等着你，或者会主动找上门来，那么，你无疑是天下第一号傻瓜，只会在守株待兔般的等待中虚度一生。

　　请记住，成功者之所以会成功，是因为他们从来不会原地等待。成功的人往往都是善于创造机遇的人。如果我们能够积极地"相信我能行"，主动地创造机会，为机会的到来做准备的话。那么，即使在平凡的岗位上，我们也能做出自己的不平凡。

先偷偷"懒"，瞄准方向再行动

在职场中，我们常常会遇到这样的情况：有的人工作看似很勤奋，每天都忙个不停，但是由于工作方向不正确，效率很低，常常需要加班加点才能完成工作，不管多努力多拼命，工作绩效都始终平平；而有的人呢，因为工作方向比较明确，方法又得当，所以总能用较少的时间就出色地完成工作，绩效还相当好，平时也很少需要加班。

如果你是领导，在面对这样两种员工的时候，你会更喜欢、更欣赏哪一种呢？答案不言而喻。

这是一个重视结果的时代，不管是哪个领域，结果往往比过程更重要。或许你的刻苦努力会赢得别人的认可和支持，但是长期下来，如果你的刻苦努力无法获得相应的成果，那么你的努力几乎就都是白费的，你的付出也完全相当于在做无用功，如此，又怎么留得住别人的信赖呢？久而久之，你失去的恐怕就不仅仅只是一次成功的机会了。

我们做事情要讲究效率，光是态度端正是远远不够的，而决定效率的，则是方向。所以我们常说，方向往往比努力更重要。方向就像是茫茫沙漠里的指南针，指引着人们按时到达目的地；方向就如同漫漫黑夜里的光亮，指引着我们走出忙碌的八阵图。那些成功者之所以能够取得成功，正是因为他们找准了做事的方向，少了无用的忙碌，多了有效的行为。

有两只蚂蚁想翻越一段墙，寻找墙那头的食物。

一只蚂蚁来到墙脚就毫不犹豫地向上爬去，可是当它爬到大半时，就由于劳累、疲倦而跌落下来，可是它不气馁，一次次跌下来之后，又迅速地调整自己，重新开始向上爬去，周而复始。

与这只忙忙碌碌的蚂蚁不同，另一只蚂蚁看似很"懒"，它在墙周围到处闲逛，观察了一段时间后，它决定绕过墙去。很快地，这只蚂蚁绕过了墙壁来到食物面前，开始悠闲地享受起美食来。而第一只蚂蚁仍在不停地跌落中重新开始。

第一只蚂蚁毫不气馁的勇气值得我们借鉴，但是另一只偷闲的"懒"蚂蚁却启迪我们：停下来想想，寻找一个能更好解决问题的方法，这样远比勤奋更能赢得成功的垂青，很多时候方法比勤奋更重要。

我们做事情其实也是这样，如果方向错了，做了不该做的事情，最后只会让我们白忙一场，即便加快速度也只能是错上加错，离成功越来越远；但只要方向正确了，即使走得慢也能做出成效，一步一步靠近成功。

微软创始人比尔·盖茨就是个非常重视方向的人。从20世纪80年代起，比尔·盖茨每年都要进行两次为期一周的"闭关修炼"。在这一周的时间里，他会把自己关在太平洋西北岸的一处临水别墅中，闭门谢客，拒绝和任何人见面，包括自己的家人。通过"闭关"使自己处于完全封闭的状态。在这段时间里，比尔·盖茨完全脱离日常事务的烦扰，静心思考公司的发展方向，好让整个微软公司和他自己都能忙在点子上。正是因为如此，微软才能成为IT业的"大哥"成为全球最大的电脑软件提供商。

无独有偶，"康师傅"之父魏应行的成功也同样说明了方向对于成功的重要性。

"康师傅"的老板并不姓康，而是来自台湾顶新集团的魏应行。他1988年到大陆创业，先后推出"清香食用油""康莱蛋酥卷"和另外一种蓖麻油产品，并大肆地做电视广告，虽然广告深入人心，但由于当时大多数人的消费水平尚在温饱阶段，所以这些高级产品滞销严重，最后均以失败告终。

1991年，魏应行带来的1.5亿元新台币（约3.3亿元人民币）血本无归，他只好放弃投资大陆的计划，收拾行李返回台湾。在火车上，由于不习惯火车上的饮食，他自带了两箱方便面，没想到这些在岛内非常普通的方便面引起了同车旅客的极大兴趣，不仅有很多人围观甚至还有人询问何处可以买到。

魏应行敏锐地捕捉到了这个市场的巨大需求，把握了主流方向。当时内地生产的方便面很便宜，但是质量很差，多为散装；国外进口的方便面质量好，但是五六元钱一碗，对于当时大多数人的消费水平来说太贵了。魏应行吸取了以前方向错误的教训，决定生产一种物美价廉的方便面，根据内地消费者的消费能力，把售价定在1.98元人民币。

方便面生产线投产后，魏应行又开始考虑方便面的营销问题。经过深思熟虑之后，他根据内地人的喜好，决定使用一个笑呵呵、很有福相，很有亲和力的胖厨师形象，即后来的"康师傅"品牌。

1992年8月21日，"康师傅"第一碗红烧牛肉面诞生，亲切的形象、适合国人的口味加上1.98元一包的价格，使得"康师傅"一经问世便被大陆人接受和喜爱，并掀起一阵抢购狂潮，成了方便面的品牌代名词。

"清香食用油""康莱蛋酥卷"等产品之所以会失败，正是因为这些产品超出了当时人们的消费水平，犯了方向性的错误。在经过调整之后，魏应行充分吸取了之前的经验教训，开始致力于物美价廉的方便面，如此，方向对了，"康师傅"品牌的成功自然也就在情理之中了。

可见，不管什么时候，勤勉和努力固不可少，但方向却往往更加重要。我们做事情一定不能像老黄牛一样埋头拼命拉车，而应该在"百忙"之中偷偷"懒"，抬头看看方向。方向正确了，才能避免弯路，才能做正确的事，才更有资本向成功奋进。

良好的开端等于成功的一半，第一次就要把事情做对

"第一次就把事情做对！"

这是质量管理大师菲利浦·克劳士比振聋发聩的宣言，也是他"零缺陷"理论的精髓之一。实际上，这句话不仅仅是一句激励士气的口号；也是企业最经济的经营之道，更是我们每一个人最经济的成功之道。就如一句老话说的："良好的开端等于成功的一半。"第一次就把事情做对，给自己一个好的开头，对我们接下来要做的事情必定是大有裨益的。

有人或许会说，没必要这样如临大敌，人生还很漫长，时间还很充裕，即便第一次没有做好其实也没关系，我还可以做第二次、第三次嘛！是的，不可否认，在这个和平年代，不需要经历生死考验的我们，无论做什么事情，几乎都有可以重来的机会。第一次没有做好时，可以做第二次，甚至是第三次。可你又是否想过，如果我们有足够的能力在第一次就把事情做到最好，为什么还要浪费时间和精力去返工呢？更何况，很多时候，机会不过就在转瞬之间，失去了最佳时机，哪怕你重头再来多少次，也都无法弥补所造成的损失。

在生活中，相信很多人都有过这样的体会：在做某件事情的时候，如果开头没做好，很可能就会直接影响到后来的发挥，尤其是当我们急着改正错误，如果重来一次的话，很可能就会忙中出错，甚至陷入不停改错的恶性循环。如此一来，错误就会越来越大，事情怎么

都没法子做好了！

　　要知道，这是一个讲究效益的社会，不管做什么事情，除了结果之外，效率同样令人重视。如果我们在做事情的时候，能够第一次就把事情做对，没有差错，时间、金钱和精力就可以避免，那其实就是在创造效益。代价最小，收益最大，这无疑是最高效的做事方法，也是每个人能够成功的最有力武器。

　　南车青岛四方机车分厂曾经生产过一个产品，就是火车上的小挂钩，但刚开始时产品的销量非常不好。眼看厂子的经济效益越来越差，厂长一直想不出好的解决办法，只好请一位商界朋友指点迷津。

　　朋友到了厂子后，跟着工作人员们实地考察了几天，还亲自到铁路局那里去，了解客户们到底有什么需要。客户们说得非常清楚而简单："我们其实没有别的要求，只要你们的小挂钩安在火车上，我马上就可以跑了，多拉快跑，就这么简单！"

　　后来，朋友给厂长提出了改建意见："第一次把工作做好就行了。"

　　厂长不解，朋友解释道："你们现在用的是传统管理方式和生产方式，在厂子里面做好了挂钩，然后运到客户那里进行安装。而客户安装时常常发现，挂钩不是大了就是小了，根本安不上去，这样你们只好拿回挂钩，又让工程技术人员修补、打磨，这一拖就是一个星期，有时甚至半个月、一个月。如此几次之后，客户还会买你们的产品吗？"

　　听了朋友的建议，厂长在车间最醒目的位置上，挂了一排巨幅标语——"第一次就把事情做对"。生产前他们会派专门的技术人员实地测量客户所需挂钩的大小，然后在流水线上严格把关挂钩的规格，保证一次就安装成功。

由于即安即用，质量可靠，这家工厂的挂钩成功打开了销路，还成了业内的畅销品牌、质量名牌。以至于到了后来，有人要想买到他们的挂钩产品，居然要找铁路局的领导批条子才可以。

像这样的事情几乎每天都在发生：工作失误要花时间来修正；产品质量出现问题要花时间来返工；技术不过关要靠培训来弥补。因为第一次没有把事情做对而产生的问题，实际上是在一次又一次地浪费着我们宝贵的时间和精力。

可见，与其不断地去解决因没有把事情一次性做对而产生的各种问题，还不如一开始就别心存"还有下一次"的侥幸心理，而是努力地去想该如何一次就把事情做对，把事情做到最好，做到极致，杜绝一丝一毫的疏忽。

需要注意的是，我们一直强调的所谓"第一次就把事情做对"，是在告诫人们，做事要认真负责，不要心存侥幸，争取在事情开始之前就考虑到方方面面，从而一次性就能把事情做到位，做到符合要求，这并不是说人不可以犯错误，而是在强调一种做事情的态度，提醒我们应该学会认真负责，具有一丝不苟的态度，对错误"不害怕，不接受，不放过"，从而保证第一次就能做对的决心和信心。

如果你有能力，很努力，个人成就却远远落后于他人，迟迟拉不住成功的双手，不要疑惑上帝为何对自己不公，不要抱怨自己被人忽视，也不要感叹自己韶华虚度，一事无成，你应该好好地问问自己：

我是如何认识"第一次就把事情做对"这一理念的？

我是否一开始就想着怎样把事情做对？是否存在某种侥幸心理？

在工作中，我有没有去践行"第一次就把事情做对"这一理念？

……

如果答案是否定的，那么这就是你无法取胜的主要原因。

　　良好的开端等于成功的一半，每件事必须第一次就做对，没有人愿意为我们的失误二次埋单。第一次就把事情做对，投入最少的物质、时间和精力，获得更大的产出，我们才不会让自己输在起跑线上！

　　总之，第一次就把事情做对，我们的做事质量才能不断提高，做事效率才能不断提升，自我价值才能得到更完美的体现，进而进入到更成功的领域。"第一次就把事情做对！"这是一句值得我们每个人一生追求的格言。

人之所以迷茫，是因为读不懂内心的渴望

在节奏飞快的现代社会里，有太多的人忧伤、迷茫、彷徨地活着，每天都戴着自己的那张面具疲惫地穿行于生活和工作之间。只有当内心反复地误打误撞，在接受过多次沉淀之后，才能够发现真正的答案。

有人说："我想要金钱，享受丰裕的物质生活！"

有人说："我想要爱情，人生有爱才完整！"

有人说："我想要成功，让自己活出最大的价值！"

有人说："我不求财源不断，不求高官厚禄，不求高朋满座，我只要快乐。"

其实，无论我们选择怎样活着，只要知道自己的内心最想要什么就好！有了方向，才不会迷茫。

记得在一本杂志上，看到过这样一个故事：

这位主人公曾经是美国休斯顿总署的太空梭实验室里的工作人员，一有空闲时间，他就会去休斯顿大学主修电脑。可以说，他的工作非常忙，即便如此，只要能挤出一点点时间，他就会去创作音乐，因为这是他的爱好。

他不擅长填写歌词，后来，他认识了善写歌词的凡内芮，从此，两个人开始共同创作。

当时，这两个人对美国的唱片市场很陌生，因为他们一点渠道都没有。一天，年仅19岁的凡内芮突然问对方："你计划五年之后

做什么？"

　　见对方愣了一下，凡内芮说："这样说吧，五年之后你最希望你的生活是什么样的状况呢？当然了，也别急着回答，你先仔细想想，等真正想好以后再告诉我。"

　　深思过后，他回答道："首先，我希望能出一张受人欢迎且受人肯定的唱片；其次，我要住在一个有很多音乐人的地方，与一些音乐界名人一起工作，我将会很开心。"

　　凡内芮又说："你确定了吗？"他坚定地回答："是的！"

　　凡内芮接着说："既然如此，我们就不妨将该目标倒算回来。假设第五年，你有一张唱片在市场上；那么第四年，你应该与某唱片公司签约；第三年，你应该有了一个完整的作品，可以拿给很多很多的唱片公司听，是不是？那么第二年，你应该陆陆续续地开始录音了；第一年，你应该将所有要准备录音的作品全部编曲，同时准备其他相关事宜；第六个月，你应该修改好那些没有完成的作品，完成'逐一筛选'这项工作；第一个月，你应该完成目前这几首曲子；第一周，你应该将清单全部列出，并整理出那些需要修改的曲子。"

　　最后，凡内芮补充道："你希望五年之后与音乐界名人一起工作，这一点，你确定吗？假如你的这一愿望实现了，在第四年，你是否已经拥有了一个属于自己的工作室或者录音室呢？在第三年，你是否已经和音乐界的人打交道了呢？在第二年，你是住在哪里呢？德州还是纽约还是洛杉矶？"

　　第二年，他毅然地辞了职，从休斯顿搬到了洛杉矶。大概到了第六年也就是1983年的时候，他的唱片开始畅销于整个世界，差不多每一天，他都和一些音乐高手一起忙碌着。此人不是别人，正是人人都熟悉的迈克尔·杰克逊。

实际上，迈克尔·杰克逊很清楚自己内心真正想要的是什么，那就是在音乐圈打拼，争取五年以后能够有所作为。于是，在接下来的日子里，他便为这一理想艰辛地付出，辛勤地努力，最终成就了自己的美丽梦想，构筑了属于自己的漂亮天地。相反，如果他不了解自己的内心，也许会一直在那向往的边缘到处徘徊。

在现实生活中，每天都能看到无数人为了活着而苦苦挣扎：有的人拼死拼活地在社会中四处淘金；有的人飞蛾扑火般地匆匆寻觅自己的另一半；有的人心神疲惫地穿梭在工作的行列……可当夜深人静、形影相吊的时候，他们不免都会想到这样一个问题——我到底为什么而活着？

我们周围其实有很多这样的人，摸爬滚打了许久，却始终找不到前进的方向，陷入迷茫和彷徨中，整个人就像一艘失去了航向、四处乱撞的船，甚至还会做出"半途而废"的高调动作。有人将这一系列的表现称之为年轻气盛、心浮气躁，但这并非是问题的根本。一个人之所以迷茫，无法长期坚守一个目标，只是因为没有真正地读懂自己，不知道自己的内心真正想要什么。

在很久以前，有三个马上就要投胎的生灵，天使对他们说："我会借给你们每人一笔巨款，但是，在六十年的时间里，你们必须还清。"就这样，三个生灵一同来到了人间，并各自携带着那笔巨款。

第一个人觉得人最重要的是享受人生，于是，他在自己生命的前一半时间里，简直是挥霍无度；在生命的后一半时间里，他每天辛苦地工作，在他六十岁将要死去的时候，依然未能将天使的钱还清。

第二个人从进入社会的那一天起，就开始努力地赚钱，待其六十岁时，他赚的钱早就超过了该还的数额，而他却仍然坚持工作，直到自己的生命结束。

第三个人在自己生命的前二十年时间里，努力地提高、完善自己，然后，又用了三十年的时间拼命工作，最终将那笔款额还清了。在最后的十年时间里，他拿起摄影机开始周游世界，最终成为了一名人人皆知的老年摄影家。

三个人用了同样的时间，在同样的处境下，却向世人展现出三种不同的人生。谁活得最有价值，最无憾，最令人欣赏，答案不言而喻。

心灵之声是人生的导航。每个人都应该从心出发，问问什么才是自己真正想要的，只有读懂了内心的渴望，我们才能够知道明天的方向在哪里，也才能知道下一步该如何迈出；只有读懂了内心的渴望，我们才能够在生活中最大限度地实现自身的价值，让人生少一些遗憾和懊悔。

当然，如果想让梦想真正照进现实，那么除了明白自己想要什么之外，我们还必须根据自己目前所处的实际情况，制定出一个较为明确、切实可行的计划，从而更加清晰地规划自己的一生。如果只是急于享受眼前的利益，或者漫无目的地行进，那么结果就会像上面故事中的第一个人那样，直到生命火焰燃尽的最后一刻，也依旧没有还清债务。

人之所以会感到迷茫，是因为读不懂自己内心的渴望，不知道自己真正想要追求的东西到底是什么。可以这么说，不论任何人，想在人生的道路上有所建树，就必须要先了解自己的真实想法和真实渴望，毕竟如果连你自己都糊里糊涂、不知所向，那么老天又怎么可能为你敞开成功的大门呢？

　　总而言之，我们要学会了解自己，读懂自己内心的渴望，而后听从内心深处的召唤，不退让，不回避，勇往直前，大步向前，这才是真正活出了属于自己的风采。如此，我们便有理由相信，在追求成功的路上，因为有了心灵的导航，我们才会更快地看到了世界的模样，那时，世界也便找到了我们。

把握不好现在的人，不会有未来

现在的你，可以贫穷，可以没有男朋友或女朋友，可以穿不起名牌买不起房子……但有一样东西你一定要拥有，一定要守住它，那就是对生活和未来的激情。有激情，你才会有期许，才会有努力拼搏的动力，也才会有向前奔跑的渴望。有激情，你才能在当下拼尽全力地去生活，去追求自己的渴望，如此，你才能拥有属于自己的未来。而没有激情的人，生活将犹如一潭死水，恶臭浑浊。

你的未来是什么样的，取决于你对现在是如何把握的。就像爬楼梯一样，谁也不可能一步跨出去就到楼顶，你得一级一级台阶地向上爬。如果你总是站在原地不动，即便是抬头仰望一万年，你也依然只能站在那个地方，人生不会有任何改变。

一个把握不好现在的人，凭什么去谈未来？一个连努力向前的激情都没有的人，又有什么资格去触摸成功？不管你此时此刻站在什么样的位置，也不管你手中拥有多少资本，你都应该趁着自己还年轻，拉开架势去折腾！别让自己进入精神枯竭和绝望的状态，即便现在处在困厄当中，也要记住去追求、体会幸福。有一天，当你情难自禁地被自己深深感动，因泪流满面而默默无言的时候，你就会在这个一切都不确定的时代，体会到一种不容置疑的确定性。这种确定性来自生命本身，来自生命对自身的那种祝福和肯定。

生命是一个争先向前的过程，不管你努不努力，总有人在努力。不要被别人远远地甩在身后，当原本属于你的机会成为他人的囊中之物时，再捶胸顿足早已追悔莫及。你要牢牢地先把现在抓在手里，然后才会有和未来谈判的筹码。

大学毕业时，北京一家著名上市公司在众多求职学子中一眼就相中了王云峰，聘请他担任企宣一职。刚进公司那会儿，风华正茂意气风发的小王整天激情饱满，不避劳苦。由于部门人员少、任务重，产品软文、领导讲话、工作总结汇报……一大堆的工作只能由他一个人来完成，这还不算，包括跑腿打杂、安排吃饭、跟班出差等各种杂活，也都摊派到了他的身上。很多时候，其他部门的同事都下班了，他还在办公室里埋头苦熬，加班写材料。

连小王自己都记不清了，有多少个节假日，为了赶发言稿或者写材料，大家都结伴玩去了，他还在办公室里孤苦伶仃熬夜奋战，累了饿了，就吃一块士力架，渴了困了，就喝一罐红牛。

小王的工作态度和业绩是很不错的，也得到了领导和同事的认可，本来他以为用不了多久就能得到提升，尤其是部门主任调走以后，小王心想这个位置应该非自己莫属了，没想到集团人事大调整，空降一名新主任，小王还是跟以前一样，一边做企宣，一边打杂。这件事对小王来说，简直是一种凶狠的蹂躏。他的心态出现了"乾坤大挪移"，激情不再，追求不再，懒懒散散拖拖拉拉，刚开始，有时不能及时完成工作，领导委婉批评几句，他还心存几分愧疚，但一想到自己的处境，干好干坏一个样，升官发财貌似没指望，他那点愧疚感就荡然无存了。后来领导批评多了，他也不解释不反驳，总之，麻木了。

看到他这个样子，亲朋好友都劝他换个环境重新开始，但他觉得公司效益稳定，待遇不错，一直下不了这个决心，后来看到跳槽的同事也没有什么更好的发展，他就彻底死心了，继续混着。

转眼过了三年多，小王对于自己的职业前景已经不抱任何奢望了。他经常自嘲自己就是个"橡皮人"，对新生事物懒得接受，对批评表扬都无所谓，既没有耻辱感也没有荣誉感，一句话：麻木。他常说："累死累活也是活，混一天也是活，工资又不会少，何苦让自己那么辛苦呢？"

在我们身边，有很多"小王"，他们也曾怀抱着梦想和期望拼搏过，却在日复一日的平淡生活中磨灭了激情，在一次又一次希望落空的时候放弃了希望；他们把日子过得如同一潭死水，把生命压抑得麻木不仁；他们或许也痛恨毫无激情的生活，却又无法鼓起勇气去改变，他们或许对社会对命运都充满了不满，却连发声呐喊都已经无法做到。这样的人是可悲的，他们就像那些停留在楼梯上的人一样，不管再怎么羡慕楼顶的风光，只要迈不出向上的步伐，便只能把生命消耗在无尽的麻木之中。

生命的起跑点我们无法选择，但在生命的旅途中，是拼尽全力地奔跑，还是优哉游哉地漫步，完全可以由我们自己决定。乌龟即便再慢，在坚持不懈的努力下，也赢了那偷懒睡觉的兔子。可见，即便是那些被上天眷顾的幸运儿，哪怕拥有着超越常人的天赋，也会因懈怠而"马失前蹄"。而那些看似被遗忘的人，哪怕自身没有多少优势，但只要足够努力，足够坚持，也有反败为胜的可能。

所以，无论你拥有多少，无论此刻的你站在何处，都请记住，只有把握住当下的每一分钟，用不懈的坚持和努力去向前奔跑，你才能让有限的人生创造出无限的可能。如果你总是玩世不恭，贪图享乐，那么即便你运气足够好，天生就拥有别人哪怕奋斗一生都无法拥有的东西，那么等十年、二十年之后再回过头来看，你会发现，你的生命始终只停留在一个地方，没有任何进步，也没有任何价值。

人生是一场冒险，根本没有什么"万全之策"

　　人生中很多事情的发展，都取决于某个关键时刻。有些抉择是很重要的，也是很艰难的，但为了整体的利益，你必须拿出勇气和魄力当机立断。要知道，一个人若有了这样的果决和自信，会大大激发自身的能力，结果就是离成功越来越近。即使有时你可能会犯一些小错误，也不会给事业带来致命打击，总比那些胆小狐疑的人要好得多。

　　"断尾求生"的故事大概很多人都听过：遭遇敌害的时候，壁虎通常会弄断自己的尾巴，让那条断尾继续跳动，分散敌人的注意力，以便让自己逃脱。在面对危险时，如果壁虎犹豫不决，想必最终的结果就不仅仅是少了条尾巴，恐怕小命都要丢了吧。况且，对于壁虎来说，少了尾巴其实也没关系，反正不久之后它还会再长出来。

　　记得曾看过一则小故事：

　　在一片宁静的太平洋海面上，行驶着一艘美丽的大船，这是西班牙的海鹰号和它的队员们。水手们心旷神怡地欣赏着大海上的美丽风光，老船长一面熟练地操纵海鹰号，一面和水手们计划着到前面的一座珊瑚岛上来一次BBQ（烧烤大会）。水手们兴奋地欢呼起来，跳起了热情的桑巴舞……忽然，平静的海面剧烈地震荡起来，一道白色的巨浪腾空而起，从前面直奔毫无戒备的海鹰号。

　　船上的人全都吓住了，一时搞不清这是什么状况，还是老船长有经验，他惊魂稍定，连忙驾着海鹰号往后行驶，还不忘嘱咐水手们将食物、设备等物资统统扔掉。但海浪越逼越紧，海鹰号开始渗水了。

"马上弃船！游到前面的岛上！"老船长命令道。水手们对海鹰号喜爱极了，他们舍不得丢下它，希望海浪过一会可以消失。老船长见此大吼道："听着，这是命令！"并率先跳了下去。他们游到了岛上，这里虽荒凉却物产丰富，饿是饿不死的。而且，幸运的是在这场灾难中无一伤亡。要知道，他们遇到的是一次罕见的海底地震，无一伤亡的战绩空前绝后。

这是一个果断的船长，一个自信心强大的船长。试想，如果他没有足够的自信，在关键时刻犹豫不决的话，那最终恐怕就不只是损失一只船了，很可能全船的人都会送命。

在人生的旅途中，我们其实也常常会遇到这样的状况，需要快速做出选择。在这种时候，我们没有犹豫思虑的时间，哪怕一秒钟的浪费，都可能会让我们错过最关键的时机。其实，有什么可犹豫的呢？只要认清方向，就该放胆前行。即使犯了错，也有重头再来的机会。人生本来就是一场冒险，不敢踏出第一步，你就永远不可能得到自己想要的东西。每一段路的终点都是一个新的起点，每一次成功的背后都有无数的错误与失败。哪怕最后是失误，但勇敢的气魄至少能让我们无悔。

成功学大师拿破仑·希尔小时候是个做事很犹豫的人，之后他发现自己想要做的事情如果不马上去做或表态，就会出现另一种结果——永远也别想得到。比如，他想养一只落在院子里小雏鸟，但他犹豫着，考虑到爸爸会不会允许，结果小雏鸟被一只猫给叼走了；爸爸问他想不想一起出门，他一犹豫，爸爸便带着其他人走了。如此的情况多了，他养成了一个习惯，在最短的时间内给出结论。

成年后，拿破仑·希尔在一家报社做记者，他的第一个采访对象就是"钢铁大王"卡内基。面对这么重要的任务，他担心自己做不好，犹豫着该不该接，但马上他就提醒自己千万不能犹豫，否则这个机会就会给了别人。他做足了功课，与卡内基侃侃而谈，采访进行得很顺利。出于对这个年轻人的喜爱，卡内基说要给拿破仑·希尔推荐一份工作，但这是一份没有报酬的工作，即用二十年的时间来研究世界上的成功人。同意等于没有钱赚，不同意呢，这是一个与成功人士结交的好机会。同意？不同意？进退两难之下，他响亮地给出了答案，"我愿意！我十分确定！"

卡内基露出了满意的笑容，露出了紧握在手中的手表："如果你的回答时间超过六十秒，将得不到这次机会。我已经考察了近两百个年轻人，没有一个人能这么快给出答案，这说明他们优柔寡断。我认可你！"之后二十年的时间里，卡内基带着拿破仑·希尔采访了当时许多著名的人物，如爱迪生、富兰克林，他们都是在政界、工商界、金融界等卓有成绩的成功者。拿破仑·希尔根据自己的研究写了一本《成功规律》，这是人们梦寐以求的人生真谛——如何才能成功。此书一上市就被热捧，而拿破仑·希尔也一跃成为美国社会享有盛誉的学者，还成了两届美国总统——伍德罗·威尔逊和富兰克林·罗斯福的顾问。面对纷至沓来的荣誉，他说："最难的抉择，最大的成功。"

做事时犹豫不决的人，往往总觉得身心疲乏，因为应做而未做的事情会不断给我们压迫感，这是影响办事效率的最基本原因。如果你还在犹豫不决，错失了良机，你想过结果吗？反观那些自信的人，他们大多具有决断的勇气和气魄，能毫不犹豫地做出抉择，然后坚定不移地朝着自己的目标迈进。

对于一个人来说，在抉择面前拿不定主意，这实在是一个致命的弱点。因为这样的行为会破坏一个人的自信心，也会破坏一个人的判断力。往往人在犹豫的时候，出于矛盾的心态，"前怕狼，后怕虎"的心理，会陷入强烈的内心冲突。结果衡量来、衡量去，时间就被蹉跎了，最终很可能一事无成。

马腾是学会计的，他知识渊博，头脑灵活，大学一毕业就被一所高校任用当上了老师。虽然工作很稳定、很轻松，但马腾有些不甘心，因为身边的朋友们有炒股的、有经商的、有做物流的等，个个都混得有声有色。马腾看得直眼红，他也渴望成功，便决心"下海"做生意，挣大钱。

但究竟做什么好呢？马腾心里没有底，有朋友建议他办一个会计培训班，马腾很有兴趣，但很快他就犹豫了，培训班能招到人吗？能挣到钱吗？还是试试其他的方法吧；炒股的那位拉马腾跟自己学炒股票，马腾豪情冲天，但去办股东卡时他又犹豫道："炒股有风险，我还是等等看吧。"

两三年了，马腾在犹豫中度过，一直没有"下"过海，一直碌碌无为。

在生活中，像马腾这样想法多多，却总是犹豫不决、不敢付诸行动的人有很多，他们总是渴望成功，却又敢想不敢做，于是只能在不断错失的机会中羡慕着别人的勇敢，在不断的犹豫与后悔中与成功失之交臂。

其实，人生就是一场冒险，在大多数情况下，我们根本不必去求什么"万全之策"，有七分把握就够了。因为动用太多的信息，思考太多的问题，反而会干扰我们的思路，同时也会加大出错的概率。有个大致的了解，在执行过程中依据具体情况再调整，这样完全可以避免失误，将事情做得十全十美。请相信你自己的能力和潜力，别让机会错失在你的犹豫和不自信中。

扪心自问，在面对一些需要做抉择的事情时，你是否经常会感到非常困难？瞻前顾后，迟迟不能做出决定？如果你的答案是"是"，那么你就是一个不果断、不自信的人。如果你真爱自己，如果你渴望成功，那就及时改变吧，勇敢地踏出那一步，不然你怎么能知道前方到底是悬崖，还是花海呢？

PART 4 / 时间不会对谁有所优待，
但只要努力就一定会更好

时间是世间最公平的存在，从不会对谁有所优待。你付出多少，它便回报你多少，只要肯努力，明天就一定会比今天更好。即便只是微乎其微的进步，坚持下去，也将汇成奔腾的江海，聚成高耸的山峰。

怕什么前途未知，进一寸有进一寸的欢喜

克林斯曼是德国足球队的主力前锋，一直深受广大球迷的喜爱，被人们称为"金色轰炸机"。记得有一次，看到一篇关于他的采访，当时记者问他，是如何能够保持最佳状态并一直取得成功的，他很感慨地回答说："我不是天赋异禀的球员，论天赋，我不如马拉多纳；论身体，我不如贝利，不过这些都不重要，因为我有一颗上进的心。每次比赛后，我总会问自己还能踢得更好些吗？或是哪些地方是我的不足？"

因为有一颗上进的心，所以克林斯曼才能一直进步。正如他自己所说的，或许他没有傲人的天赋，没有强健的身体，但没关系，哪怕走得再慢，只要一直不停下来，总能走到想去的地方。

成功不是偶然，是需要付出努力和汗水的。就像烧水一样，不到100℃是永远沸腾不起来的，哪怕已经到了99℃，只差1℃也是没开。不能坚持，火候未到，那便是无法沸腾的。可以这么说，没有成功，一定是量的累积不够，没有量的变化哪有质的飞跃呢？所以，很多时候，当我们觉得自己已经努力许久，却依旧看不到希望的时候，可能我们已经到了99℃了，差的只是最后的坚持。

事实上，不断进步的过程就是一个不断肯定自我的过程。今天进步一点点，明天也进步一点点，不断地对自己进行肯定，你就能积累一种超凡的技巧与能力，获得强大的内心力量，获得更多的资源和平台，从而进入卓越者的行列。所以，怕什么前途未知呢？进一寸有一

寸的欢喜，付出的努力终究会收到回报。

美国颇负盛名、被称为"传奇教练"的篮球教练约翰·伍登，就是坚持以"每天进步一点点"的执教之道，引导自己和队员们积极向上，从而实现了从平庸到卓越的完美蜕变。

加州大学洛杉矶分校以年薪一百二十万美金聘请了伍登，他们希望伍登能够通过高明的训练方法，帮助队员们尽快提升战绩。但是，伍登来到球队之后，却并没有使用什么独特的训练方法，而是对十二名球员这样说道："我的训练方法和上任教练一样，但是我只有一个要求，你们可不可以每天罚篮进步一点点，传球进步一点点，抢断进步一点点，篮板进步一点点，远投进步一点点，每个方面都能进步一点点？只要进步一点点，我就会为你们鼓掌。"球员们一听，说道："才一点点，太容易了！"

天啊！这是什么训练方法，负责人在心里偷偷捏了一把汗。不过，很快他就改变了自己的想法，他不得不佩服起伍登来。因为在新季度的比赛中，加州大学洛杉矶分校大败其他球队，取得了夸张的八十八场连胜，第七次蝉联全国总冠军。

有记者采访伍登时，问道："伍登教练，你被大家公认为有史以来最称职的篮球教练。请问，你是如何做到的？"

"很简单。"伍登很愉快地回答："每天我在睡觉以前，都会提起精神告诉自己：我今天的表现非常好，而且明天的表现会更好。这样不断地对自己进行肯定，自然就能越做越好。我想，队员们和我一样。"

"就这么简单吗？"记者有些不敢相信。

伍登坚定地回答："听起来很简单，但是又不简单。要知道，这句话我可是坚持了二十年之久！重点和简短与否没关系，关键是在于你有没有持续去做，如果无法持之以恒，就算是长篇大论也没有用。"

……

每天进步一点点，让伍登带领自己的球队取得了一次次的胜利。同样，面对工作和生活中的种种挑战，我们都无需寄希望于自己能一步登天，而应该牢记"每天进步1%"的理念，每天问问自己："今天，我又学到了什么？""今天有没有进步和提高？""今天哪里可以做得更好？"……坚持踏踏实实地前进，坚持每天都学习，每天都进步，那么日积月累之后的效果将是惊人的。

每天进步一点点，听起来好像没有冲天的气魄，没有诱人的硕果，没有轰动的声势，可今天进步一点点，明天也进步一点点，持之以恒，坚持不懈，积少成多，其"水滴石穿"的力量绝对不能小觑。

王小莉身材瘦小，貌不惊人，而且只有大专文化水平，却有幸在一家较有名气的外资企业担任文员。刚进公司那段日子是最难熬的，老板只把王小莉当成个只会干杂事的小职员，不停地派些零七八碎的事情让她做，从来没有表扬过她。王小莉自知自己学历低、经验少，但她不允许自己的人生这样"惨淡"，于是她除了把工作做得周到细致外，还不断地学习，只要有空就认真翻阅琢磨自己所能见到的各种文件，她坚定地相信："只要我每天多学习一项业务，我就是好样的，有一点儿进步就是胜利。"王小莉就这样不断地激励自己，一年后她对公司的业务可以说了如指掌，她的自信心也强大起来了，这为她进入通畅的良性工作循环状况做了坚实的准备。

王小莉的自信和专业，让老板刮目相看，不久就提拔她做了秘书，负责公司的日常事务。秘书工作需要协调各组的资源，帮助老板处理很多的问题，还有很多事情要学，这一切都是她之前没有接触过的，怎么办呢？于是，王小莉又报考了职业培训班，风雨不误，她每天都会鼓励自己："今天我又学到了新知识，我是好样的，我会越来越棒的，我也相信我的职场之路会越走越宽广的。"

人生是一个追求比昨天更卓越的过程，若想成为优秀的人、卓越的人，你就要牢记"只要努力就值得肯定，有一点儿进步就是胜利！"的理念，哪怕是1%的进步也要肯定自己。坚持下去，不仅能彰显自己积极进取的美德，还能积累一种超凡的技巧与能力，使自己具有更强大的生存力量。

无论做什么事情都要有一个循序渐进的过程，质变的飞跃离不开量变的累积。成功是一个无比漫长的过程，卓越者之所以能成功，平庸者之所以会失败，往往不是凭借个人能力的高低，而是在于耐心和坚持。所以，不要总是只付出了一点儿，就开始盯着回报，不要总是因为担忧一句"前途未卜"，就失去努力的信心和激情。成功者往往都在坚持一个理念：每天进步一点点，今天比昨天进步一点点，明天比今天进步一点点。

在时间上拎得清的人，可少奋斗十年

我们总在为逝去的昨天感到伤感，为即将到来的明天感到恐慌，因为我们总能听见时间流逝的声音，听见生命逝去的声音。那确实很可怕，无法挽回的失去，无法阻止的未来。每个人都是如此，你又有什么办法呢？还不如实际一点儿，抓紧今天，不荒废今天，从现在开始努力，一切都还不晚。

纽约街区的一个屋檐下，有三个乞丐正在聊天。

一个乞丐说："如果不是去年股票暴跌，我早都成千万富翁了……"

另一个乞丐说："那是多久以前的事啦，还提呢，看着吧，我明天去对面那条街上的垃圾桶里看看，说不定那里面就有张百万美元的支票，哈哈……"

第三个乞丐没有言语，他觉得现在最要紧的是如何填饱肚子，而不是说着一些对自己没有意义的话，于是去了别处寻找食物去了。

后来，谈话的两个乞丐聊累了，开始睡觉。也许在梦中，他们正在回忆着自己辉煌的过去或构想美好的未来呢。

第二天早上，当人们起来时，两个乞丐已经没气了，而那个觅食的乞丐，正睡得香呢。

你瞧，追忆、幻想都不如行动来得实在，你在想没有实际意义的事情时，你在悲天悯人而不付出行动时，都是在浪费自己的时间。生命是时间的堆积，过去的一天就等于消逝了一天的生命，如此宝贵的时间，为什么还要用来哀叹，用来荒废、虚度呢？

昨天已经成为过去，后悔也无济于事，而明天的问题无法预知，也无法解决，我们能把握住的只有今天。今天就在眼前，珍惜今天，不仅可以弥补昨天的不足和遗憾，更能为迎接明天的朝阳做好准备。

上帝每天给予谁的时间都是24小时，如果你勤奋，并珍惜它，那你的生命之树就会留下串串果实；如果你懒惰，那你最后只能带着一头白发，两手空空地对曾经的岁月感到遗憾。时间是种子，你用它来种什么，生活就会回报给你什么。

人生是等待的过程，但却也不只是等待，很多时候，我们总是把今天的事情拖到明天再做，总以为明天才是自己启航的出发点，往往对明天充满期待，而对眼前的今天视而不见，但是，到了明天，又会把事情拖在下一个"明天"，却不知"明日复明日，明日何其多？"

有一个叫作里德的小伙子，长得阳光帅气，但却一无所长，且一无所有，生活过得很是无聊。有一天，他去自己的大学老师那里诉说苦闷，希望老师能给他的未来指一条明路。

老师问他："你到底怎么了？"

里德说："我都快三十了，却还是一无所有，老师，你说我该怎么办呢？你能给我指个方向吗？我现在连自己的人生价值都找不到。"

听了里德的话后，老师笑着摇了摇头说："你觉得你一无所有，但我感觉你和别人一样富有，因为你拥有的时间和别人一样多。"

里德苦涩地说："那又能怎么样呢？它们既不能当荣誉，也不能当金钱换顿饱饭……"

老师打断了里德的话，问道："难道你不认为它们重要吗？如果有人给你一万美元，让你马上变为四十岁，你愿意吗？"

"当然不愿意！"

"那么如果有人愿意出一百万美元要你马上变成八十岁的老翁，你愿意吗？"

"傻子才会答应这样的事。"

老师笑着说："看到了吧，其实，你很富有，因为你有足够多的时间，时间就是你的财富。"

老师觉得里德似乎还不理解自己的话，于是接着说："你可以去问一个刚刚延误飞机的游客，一分钟值多少钱；你再去问一个刚刚死里逃生的人，一秒钟值多少钱；最后，你去问一个刚刚与金牌失之交臂的运动员，一毫秒值多少钱？"

听了老师的话，里德羞愧地低下了头。老师继续说："只要你明白了时间的珍贵，并珍惜它，专注于自己想做的事，最终你就会成为一个真正的富人。"

里德带着老师的问题离开了，他开始思考自己下一步该怎样做。他先找到了一份做设计的工作，两年后，他创立了自己的工作室，就在他三十五岁那一年，他拥有了自己的广告公司。

很多时候，我们都知道要珍惜时间，但是，当回顾自己的所作所为时，我们又总在不断地抱怨自己浪费了时间。最终，发现自己的生命大部分都被虚度了。当然，我们现在并没有走到尽头，所以还有扭转的机会，从今天开始，比起抱怨过去的虚度，坐待明天的到来，不如奋起努力，把握今天。

随着时光的流逝，一切都会改变，如果任其荒废，即使搭上整个生命，也是耗不起的。所以，不要为走过的昨天扼腕叹息，也不要为还未到来的明天满怀豪情。把握好今天，做好当下的一切，让今天过得充实而有意义，你的生命就有了光彩，就有了无与伦比的价值。

我们要珍惜今天、把握今天，就要珍惜当下的每分每秒，组成时间的材料虽然看起来微小，但是却都有着各自不同的意义。要知道，这些看起来微不足道的时间可以让你的梦想成为现实，也可能让你一生平平庸庸、碌碌无为。

正如一首诗所说的：

昨天已经成为过去，请不要为之叹息；

明天还只是个未来，你不必有太多的忧虑；

只有今天，才是你真正拥有的；

抓住今天，你的梦才能实现；

昨天是成功的阶梯，明天是奋斗的继续。

把握不住今天，不管你的昨天多么辉煌，也不管你的明天有多么宏伟，对现在的你来说，都是不现实的。惠特曼就曾说过："我现在这一分钟是经过了过去无数亿万分钟才出现的，世上再没有比现在这一分钟更好。"拎得清这一点儿，你会发现，你的时间终将让你收获最美好的果实。

专心种自己的"田"，才能收获自己的"果"

如果你足够细心，想必一定早已经发现了一个秘密，那就是但凡是成功者，往往都有一个共性：无论遇到什么事，都始终坚持在自己的"田地"里一心一意，辛勤地耕耘、付出，坚持不懈地努力着，一步一步"劳作"，不让任何事情打乱自己的步骤。久而久之，自然就能收获到成功的硕果。

人生就像一块田地，你播种什么，就能收获什么。而有时，哪怕你辛勤耕耘，小心照看，也可能因天有不测风云，让自己颗粒无收。但不管怎么样，在遭遇这一切之后，你伤心也罢，痛苦也罢，若因此就一蹶不振，不再将努力和汗水挥洒到田地里，那么你终将无法得到任何收获。成功就是这样，你努力了未必就一定能如愿以偿，但你若不努力，就永远不可能得到任何想要的东西。

我们来看下面这则小故事：

有一年春天，猴子和乌龟都开始忙碌了起来。

猴子想：我相信，有耕耘，必定就有收获。今年我多卖点力气，多种点瓜果，像那些辛勤的农民一样，每天在田里播种、浇水、施肥，收成一定会很好。于是，猴子就种了几亩地的西瓜和桃子，刚开始，它每天都去地里看看植株的长势，还时不时地去检查一下。

乌龟刚醒来后，也像猴子那样忙碌起来了。它凭借祖先赛跑冠军的资源优势，顺利地创办了一个"老乌龟赛跑培训中心"，与此同时，还将当年"龟兔赛跑"的老照片作为该训练中心的广告，光这幅广告，就将很多小动物都吸引了过来，后来，大家也都将自己的孩子送到了乌龟这里接受培训。

与此同时，小蜜蜂们也成群结队地四处飞行，可以说，它们整天都很忙碌，每天都紧张地进进出出，采集花粉花蜜，匆忙地将香甜的蜂蜜酿制出来。

我们再来看一看小猴子，它打理了几日西瓜和桃子，便开始荒废时间，又恢复了自己贪玩的本性，结果，它种的瓜果树最后无一棵成活。

而乌龟也是热闹了很短一段时间，因收效很小，于是很快就放弃了。这样一来，培训中心的学员们不光没有任何进步，就连走起路来都慢慢悠悠的，家长们看到孩子们这个样子，愤怒得一纸诉状将乌龟告了，就这样，乌龟一下子就倾家荡产了。

到了秋天丰收的季节，老农民的田地里瓜果飘香。与此同时，小蜜蜂们也正拍打着轻快的节拍，唱着动听的歌谣，通过它们的努力，成功构建了一座美丽的宫殿，它们在上面飞来飞去，准备度过一个欢乐的假期。

老农民最终收获了香甜的瓜果，小蜜蜂最后构建了自己的宫殿，之所以有这样好的结果，是因为老农民和小蜜蜂在自己的"田地"里每天都辛勤地耕耘着、付出着。春耕秋收，他们用勤劳收获了自己的果实，在完善、提升自己的同时，也使自己生命的社会价值得到了真正的体现。

成功的关键在于坚持，时间不会对任何人有所优待，你坚持得越久，付出得越多，收获自然也就越多。量变才能引起质变，如果连量变都不能坚持到"数量"，又怎么可能引起质变呢？而中途的放弃也只会让你曾经付出的一切都付诸东流。想要收获，你就得坚持，有时候，成功与平庸之间的差距，或许就是那么一条道走到黑的执着。

曾经看到过这么一个故事：

古时候，寺庙和尚的收入来源是化缘和布施，除此之外，他们还要自己耕种土地。有一年春天，有位师父将自己的三个弟子叫到跟前，交给他们每个人一片土地和一些种子，对他们叮嘱道："你们三个现在就去种地，等到了收获的季节，谁的作物长得最不好，谁将会受到一定的惩罚。"

于是，三个弟子均依照师父的吩咐去做了，春天转眼过去了，大弟子的地里长出了玉米苗，二弟子的地里长出了麦苗，而三弟子的地里看上去却什么都没有，大弟子和二弟子心想："老三怎么如此懒惰，最后他一定会受到惩罚的。"

在他们两个人看来，老三一定会输，于是两人就开始三天两头地偷懒，再也不及时浇水施肥了，地里的庄稼也越来越不像样子。

到了秋季，大弟子地里的玉米穗子一点儿也不饱满，二弟子地里的麦子长得也较差，而三弟子却从地下挖出了很多又大色泽又好的番薯。最后，师父对大弟子和二弟子意味深长地说："种地就像修佛，不能一心一意就得不到结果，你们两个明白了吗？"

故事虽然简单，但是哲理却很深刻：属于自己的田地，就需要自己专心地耕耘，否则将一无所获。如果大弟子和二弟子一心一意地种地，最终一定也能像三弟子一样，硕果累累。但是，这两个人却几乎将所有心思花在了看老三的笑话上，从此也不再严格要求自己了，结果最后反而成了受罚的人。而老三却自始至终，一直专心致志地耕耘自己的田地，最终得到了师父的认可。

每个人都有一块属于自己的"田地"，有的人拥有的"田地"土壤肥沃，面积广大；有的人拥有的"田地"位置不好，肥力不足；

还有的人拥有的"田地"可能根本不适合耕种。但不管你拥有的"田地"品质如何，它都注定是属于你的了，不管你满意或不满意，都无法将它替换或者丢弃，所以，与其总把时间浪费在盯着别人的"田地"上，为什么不多投入一些精力在你自己的"田地"上，想办法让它为你产出丰硕的果实呢？

要知道，真正能够改变你命运的，只是你自己的"田地"，别人的好或不好，于你而言，不会有任何影响，所以，别再把心思花在别人身上了，也别再一直抱怨自己的"田地"多么不好，你真正应该做的，是在正确目标的引领下，专心耕种那块属于你自己的"田地"，只要你足够努力，足够用心，哪怕再狭小、再贫瘠的"田地"也终将能结出累累硕果。

进步快的人，总会甩掉原地踏步的人

很多人都知道，盎司是英美制重量单位，一盎司只相当于1/16磅。国外著名的投资专家约翰·坦普尔顿在通过大量的观察和研究之后，得出了"一盎司定律"：即某些人之所以取得了突出成就，仅仅因为比别人多做了一盎司。

所谓的"多做一盎司"，所体现的主要是我们在对待工作时的一种负责任的态度和敬业精神。当你多做了一些有价值的事情之后，相当于变相地向别人证明了你是比他想象中更加有用的人，而且自己还具有更大的价值，如此别人自然愿意相信你、信任你。而且，在这个过程中，你也一定能够从中学习到一定的经验、知识等，而这些东西在日后都会成为你走向成功的资本。

文雅在一家外企担任文秘，她每天的工作就是整理、撰写和打印一些材料。许多人都觉得这样的工作枯燥无味，但是文雅还是很认真地对待工作，把平凡的工作也做得非常出色。

由于整天接触公司的各种重要文件，又学过有关财政方面的知识，细心的文雅发现公司在一些财政运作方面存在问题。于是，除了完成每日必须要做的工作外，文雅开始搜集关于公司财政方面的资料，将这些资料分类整理，并进行分析，提出建议，最后一并打印出来交给老板。

老板详细地看了一遍这份材料后，惊异于文雅如此年轻，却有这么精明的理财头脑，而且分析得井井有条、合情合理。后来，每次开会时，老板都会征询文雅的意见，并让她参与决策，显然对她十分倚重。不到一年的时间，文雅被调到了总经理办公室担任助理，她的职业生涯也从此蒸蒸日上。

文雅的脱颖而出，关键就在于多做的那么一点点。如果没有多做的那么一点点，老板不会发现文雅的精明能干，以及在理财方面的才能。如果没有多做那么一点点，那么即便文雅能把自己的本职工作一丝不苟地完成，她的职业发展也只会局限于此。

所以说，无论你是管理者，还是普通职员，仅仅满足于完成自己眼前的工作是不够的，还要注意"多做一盎司"。只有这样，你的老板、同事和顾客才会关注你、信赖你，从而你也就拥有了更多的成功机会。

火再加一把，热水就会沸腾；杆再起一点，记录就会刷新。人生"没有最好，只有更好"，比别人多做一点点，对于懒作为、慢作为、不作为的人来说，也许很难，而对于有毅力、有魄力、有张力的人来说，就意味着告别平庸，使人生到达极致。

大学毕业后，雅琴被分到德国大使馆做接线员。小小的接线员，在很多人眼里，是一份很没出息的工作，但雅琴却在这个普通的工作上做出了成绩，她的成功秘诀就是坚持比别人多做一点点。

工作一段时间后，雅琴就将使馆所有人的名字、电话、工作范围甚至他们家属的名字都背得滚瓜烂熟，只要一有电话打进来，无论对方有什么复杂的问题，她总是能在三十秒之内帮对方准确地找到人。

由于雅琴工作出色，使馆人员们都很放心，他们有事要外出时，并不是告诉他们的秘书，而是给雅琴打电话，告诉她如果有人来电话请转告哪些事，雅琴逐渐地成了大使馆全面负责的留言中心秘书。

一年后，工作出色的雅琴获得了大使馆的嘉奖，并被破格升调到外交部……

雅琴得到大使馆的重用，跃出平庸之列，踏上成功之途，是因为她好运吗？不！她只是没有满足于仅仅做好自己的工作，在做接线员工作的同时，多记住了一些电话号码，多记住了一些人名而已。

"多一盎司定律"可以运用到所有的领域，它是让我们走向成功的密钥。那些最知名、最出类拔萃的人与其他人的区别在哪里？回答是就多那么一点点。谁能使自己多付出一盎司，坚持比别人多做一点点，谁就能得到千倍的回报。

小王和小刘同时受雇于一家饭店，他们拿着同样的薪水。一段时间后，小刘青云直上，又是升职又是加薪，而小王却仍在原地踏步，甚至面临被裁员的危险。小王觉得自己每天都将工作做得很好，对老板的不公正待遇非常不满意，便到老板那儿发牢骚了。

老板耐心地听完小王的抱怨，说道，"你现在到集市上去一下，看看有什么卖的？"一会儿功夫，小王便从集市上回来汇报道："集市上只有一个老头拉着一车白菜在卖。""有多少斤白菜？"老板问道。"价格呢？"老板又问。"您只是让我去看看有卖什么的，又没有叫我打听别的。"小王委屈地申明。

"好吧。"老板接着说，"现在你到里屋去，别出声，看看小刘怎么说。"于是老板把小刘叫来，吩咐他去集市上看看有卖什么的。小刘很快就从集市上回来了，他一口气向老板汇报说："今天集市上只有一个老头在卖白菜，目前共100斤，价格是四毛一斤。我看了一下，这些白菜质量不错，价格也低。我们饭店每天需要20斤白菜，100斤白菜五天左右就可以吃完。所以我把那人带来了，他现在正在外面等您回话呢。"

此时，老板叫出小王，语重心长地说："现在你知道为什么小刘的薪水比你高了吧？"小王无语。

"多加一盎司"其实并不难。我们已经付出了99%的努力，再多增加"一盎司"又有什么困难的呢？多加一盎司，这只需要我们多那么一点点责任心和决心、那么一点点敬业的态度和自动自发的精神。

好了，了解到"多做一盎司"的秘密后，赶快将它运用起来吧！在工作中，有很多东西都是我们需要增加的那"一盎司"。大到对工作、公司的态度，小到你正在完成的工作，比如，每天比别人早一个小时出来做事情，每天比别人多打一个电话，每天比别人多拜访一位客户……

如果你每天都能够坚持"多加一盎司"，坚持比别人多做一点点，你慢慢就会在自身的努力中积累经验、补充知识，同时还会增强自己的工作能力，相信，你今后的工作也会大不一样，你也将会成为越来越优秀的人。

人与人之间的差距在于业余时间

常常听到有人抱怨，说人和人真是不能相比的，明明拥有一样的时间，明明学习同样的东西，可偏偏有的人脑子好使，随随便便就能达到登峰造极的境界，而有的人呢，却怎么都开不了窍，拼尽全力也追不上别人的步伐。可事实真的是这样吗？

不可否认，人和人之间的确是存在差距的，有的人如同上天的宠儿，天生就拥有美貌与财富，就连头脑都要比别人聪明一些；而有的人呢，却仿佛被上天遗忘了一般，平凡到丢入人潮都溅不起一丝"水花"。

现在，我们不妨来做一个"分层"，把那些天生就比我们优秀的人剔除，再把那些天生就不如我们的人抛开，我们只是把目光放在那些和我们同一"等级"的人身上。相信你一定会发现，即便是这些和我们拥有差不多资本的人，同样有令我们望尘莫及的成功者，当然也存在着远远不如我们的失败者。可见，人与人之间的差距，并不一定是由你拥有多少资本来决定的。有时候，你以为你已经拼尽了全力去奔跑，但事实上，却总有人比你更努力。人和人之间的差距，往往就是在那些我们看不到的业余时间里一点点拉开的。

志远来自西安山区的一个贫困农村，专科毕业后为了谋生他来到西安一家大型企业做保安。最初，这个小保安感到很沮丧，因为在很多人心中保安是和"素质低下""没有文化"画等号的。曾有同学想给他介绍对象，对方女生"啊"地叫了一声，"什么？一个保安？"

连要求外来人员出示证件这种例行工作，他也会碰钉子，"哎呀，你不就是个保安吗，还查什么证件呀！"这些经历让志远感到自己不被尊重，他一度眼红，很不服气："命运为什么这么不公平？凭什么那些白领们在干净优雅的办公室里工作，而我却要在风里雨里站岗？"

不过，志远很快调整了自己的心态，他下定决心要用五年的时间缩小自己和这些人的差距。之后，志远利用所有的闲暇时间充实自己，他利用休息时间攻读英语、经济管理、社会心理等课程。由于什么都是从头学起，志远学得很吃力，也很拼命，就算是坐火车回老家时他也拿着书在看。有时，看到周围的队友业余时间在看电视、打篮球，他心里也痒痒的，但一想起别人说的"你不就是个保安吗？"他就会咬牙坚持下去。

就这样，"潜伏"了近四年，志远通过成人高考考上了一所师范学院的经管系，之后，他一边工作，一边学习。通过几年的认真学习和实践锻炼，志远的个人能力得到了很大提高，并以全班第一的优秀成绩毕业。一毕业，他就被一家大型企业录用了，月薪比保安工作翻了好几倍，他现在已经是一名名副其实的白领了。

四年的时间，并不短暂，但志远却让自己潜下心来，一点点地努力学习，最终取得了梦想中的成就。这个事例告诉我们一个道理：不必去抱怨公平与否，更不要心浮气躁，接受现实，及时做一些有价值的事情，在看似波澜不惊的生活中，积累自己的价值，提升自己的水平，早晚有一天，生活会为我们展现出温暖的笑脸。

有人说，幸福永远站在苦难的肩膀上。只有将眼前的苦难战胜了，我们才能有勇气创造新的生活，从而将幸福握在手里。正如一首歌中所唱的："不经历风雨怎能见彩虹"，如果我们没有经历过挫折和苦难，怎能体会到人生路之艰辛和曲折；如果我们不经历人生的打拼和磨练，怎能体会到幸福来之不易。

当你发现自己和别人存在巨大的差距时，不要忙着去羡慕他们的辉煌，在那些光鲜的背后，他们所遭遇过的苦难，或许比你要多得多；他们所付出的一切，或许是你根本就无法体会的。所以说，当我们人生落寞的时候，当我们遭遇苦难的时候，不要气馁，不要灰心，怀抱一颗安然的心继续努力就好。那些艰难的时光，那些汗水与眼泪，终究会为你带来美丽的春天，到那时，展现在我们眼前的，将是脱胎换骨后的自己，以及春光明媚的世界。

成功只有在苦难的土壤中才能绽放，命运或许会偏心某一些人，但生活却从来不会对谁有所优待，你付出了才能有所收获，你比别人更努力，才能跑得比别人更快，你敢于将自己置身于苦难之中耕耘，才能让自己的成功之花绚烂绽放！

成功就像一件华美的外衣，无论穿在谁身上，都能吸引人们的视线，于是，许多人都盯着那件外衣，眼中满是羡慕与嫉妒，却从来不知道，披上那件外衣的身躯，有多么伤痕累累。而那些伤痕，恰恰才是隐藏在光环下的，真正属于成功的"秘诀"。

人与人之间的差距，往往都是在那些别人看不见的业余时间里拉开的，就像华服下的伤痕，虽然谁都看不见，但每一道苦难，都是一个代表成功的勋章。

勤劳不一定有好报，要学会掌控你的时间

从小我们就被告诫，一定要勤劳，勤劳是一种美德，但很多时候，长辈们却总是忘记告诉我们，除了勤劳之外，还得学会掌控时间，提高效率。没有效率的勤劳是毫无意义的瞎忙，只有掌控好时间，把事情做出效果来，勤劳才能真正创造出价值。

美国的时间管理之父阿兰·拉金就曾说过："勤劳不一定有好报，要学会掌控你的时间。"掌握时间的钟摆，首先要明确工作的主次。不分轻重缓急的工作，把时间用在没有多大意义的事情上是浪费时间的首要原因。

我们先来看一个例子。

著名的设计师安德鲁·伯利蒂奥曾经是一个疲于奔命的工作狂。

每天，他都把大量的时间用在设计和研究上，除此之外，他还负责公司很多方面的事务。他总是风尘仆仆地从一个地方赶到另一个地方，不放心任何人，每一件工作都要自己亲自参与了才放心，所以他看起来忙碌极了。

"为什么你整天忙得晕头转向？"有人问。

安德鲁无奈地说："因为我管的事情太多了，而我的时间又太少了！"

时间长了，安德鲁的设计受到了很大影响，常常要到最后关头才拿得出作品，并且因为时间紧凑，作品的质量常常不尽如人意，更别提取得令人骄傲的成绩了。安德鲁对此很不解，便去请教一位教授。

教授给出的答案是："你大可不必那样忙！管理好你自己的时间，做对的事情就行！"

就是这句话，给了安德鲁很大的启发，他在一瞬间醒悟了。他突然发现自己虽然整天都在忙，但能产生真正价值的事情实在是太少了！这样做实在一点好处也没有，反而会制约目标的实现。

从此，安德鲁调整了时间分配，他洒脱地把那些无关紧要的小事交给助手，自己则把时间集中用在设计工作上。不久，他写出了《建筑学四书》，此书被称为建筑界的"圣经"。他成功了！

对于每个渴望成功的人来说，时间是最重要的资产，每一分每一秒逝去之后都再也不会回来，而成功的关键就在于如何掌控自己的时间节奏，高效地运用每时每刻，学会有效地管理时间，才能保证做事的效率。

这就涉及了管理学上的"二八法则"，即意大利经济学家帕累托所提出的80／20法则，即要把80%的时间花在能出关键效益的20%的工作上，掌握了这个法则，自然就能忙到点子上，忙出高效来，进而缔造成功。

在实际生活中，我们经常看到有些人"两眼一睁，忙到熄灯"，整天忙得不可开交，似乎是陷入了忙碌的旋涡之中，但是事情却不见得有什么大成效。仔细分析，究其原因，不懂时间管理是关键。

因此，你若想取得一定程度上的成功，就要学会控制好时间的钟摆。尝试一下，把80%的时间花在能出关键效益的20%的事情上，这将帮助你摆脱忙碌紧张的状态，使事情高效有序地得到落实，让你成为高效做事的受益者。

管理顾问瑞克希就是一个出色的时间管理者，他总是能够高效地利用自己的时间，坚持用80%的时间做20%的事，他的成功看起来轻轻松松。让我们来看看他是如何做的，肯定能得到不少的启示。

瑞克希并不是工作狂，他逍遥自在，业绩斐然。

瑞克希的手上从未同时有三件以上的急事，通常一次只有一件，其他的则会被暂时摆在一旁，而且他会把大部分时间拿来思索那些最具价值的工作，比如公司的总体发展规划、年度工作任务、行业发展前景等。

瑞克希只参加重要客户的会议，走访一些重要的顾客，然后，把所有精力拿来思考如何实现与重要客户的交易，以及公司如何能够获得最大利益，接下来再安排用最少的人力达成这个目的。

瑞克希把产品的知识传授给下属，时常会观察公司谁是某项工作最合适的执行者，确定对象后，他会将该下属叫到办公室，解释他对每一个人的要求，让他们放手去做，而自己只是偶尔盯一盯工作的进度。

瑞克希的事例告诉我们，那些做事高效的人不会像老黄牛一样只知道一味低头做事情，而是懂得把有限的时间放在最重要的事情上，利用有限的时间创造出最大的价值。一个人的价值大了，成功的资本也就强了！

金钱可以被储蓄，知识可以被累积，时间却是不能被保留的，也是非常有限的，我们必须有时间管理观念，控制好时间的钟摆。唯有如此，我们才能摆脱忙碌紧张的状态，用更多的时间做对的事情。

人生无常，努力才是你最大的优势

在这个世界上，任何事情都不是绝对的，没有彻底的黑、彻底的白，更不会有彻底的万无一失。同样的，哪怕你拥有比大多数人更美丽的外表、更聪明的头脑、更富有的家庭，但这并不意味着你就能万无一失地取得成功。人生没有绝对的优势，当你因为自身所具备的优势，而认为可以侥幸度过人生的每一个关卡时，你的失败也就已经注定了。

不可否认，命运赋予的优势的确能够给予我们许多便利和帮助。比如出身富贵，就省去了养家糊口的压力，能够更自由地去做自己想要做的事情；家庭和谐，就免去了许多家长里短的麻烦，能够更加专注于自己的事业；人脉广泛，就能获得更多便利，得到更多消息，甚至能够在达成某些目标时走"捷径"……

但如果因为具备了这些优势就安于现状，那么优势往往反而可能变成一种忧患，让我们遭受措手不及的打击。优势往往会给我们一种天然的优越感和安全感，让我们缺乏相应的危机意识，如果过于依赖这种保护，那么一旦它出现问题，我们可能连一丁点的防备也没有，最后只能拱手认输了。

在一个清晨，三位旅客同时走出旅馆，他们中的一人担心下雨，便带了一把雨伞；一人担心路滑，便带来一根拐杖；而另一人为了旅途轻松，就什么都没拿。

傍晚的时候果然下了一场雨，当这三位旅客回到旅馆的时候，旅馆老板突然发现了一件让他吃惊的事：拿伞的人全身湿透，拿拐杖的人身上几处淤青，只有什么也没带的那个人，身上反而没有太多雨水或脏污的痕迹。

等到"落汤鸡"去洗澡，跌伤的人去上药时，旅馆老板好奇地向那个安然无恙的人问道："真奇怪，难道他们把雨伞和拐杖都给了你吗？为什么准备周全的他们狼狈不已，什么都没带的你反而毫发无损呢？"

那人看着旅馆老板笑道："其实我们走的并不是同一条路线，不过我大概也能猜到他们发生了什么。那个打雨伞的人，自以为有了雨伞就可以不用担心淋湿，只注意脚下的路，所以他没有滑倒却被淋湿了；而那个拿拐棍的人则仔细躲雨，却忽略了脚下的路，结果拐棍也帮不了他。我呢，正因为什么也没有，于是下雨了就躲，路滑了就小心些，最后反而成了最平安的人。"

拥有得多是优势，但有时却也是一种劣势。因为拥有得多，人便容易沾沾自喜，失去提防之心，于是在意外降临之时，反而难以作出应对。古人所说的"生于忧患，死于安乐"正是这个道理。

在生活中，很多人都有过类似的经历：在某些关键的考试中，往往拖后腿的，可能是平时擅长的优势科目。这其实并不奇怪，每个人都有自己擅长和不擅长的科目，在考试的时候，为了得到更高的分数和名次，我们往往会对自己所不擅长的科目投入更多的时间和精力，至于那些平日里较为擅长的科目，则反而可能因为过于自信而有所疏漏，甚至完全不会进行复习。此外，在考试的过程中，越是我们熟悉的题目，在解题过程中我们就越是容易掉以轻心，以致常常会出现因粗心大意而丢分的情况。于是，优势最终却成了我们致命的弱点。

可见，一个人成功与否，关键并不是在于他拥有多少优势，而是在于他自身付出了多少努力，为成功投注了多少心力。人生从不存在绝对的优势，只有绝对的努力。

在一次家庭聚会上，小贺为亲戚们表演了高超的滑板技术，他不但能轻松绕过各种障碍物，还完成了各种高难度的空中动作。所有人都羡慕小贺的运动天赋，小贺却只是笑而不语。这时小贺的妹妹微笑着卷起了小贺的裤腿，大家惊讶地发现，小贺的两条腿上布满淤青，有大有小，有旧有新。

小贺的妹妹说道："我哥哥的运动天赋固然不错，但你们不知道，他每天至少要用四个小时的时间来练习滑板，这些淤青就是他努力和付出的证明，如果没有这样辛苦的练习，今天我们绝不可能看到这么精彩的表演！"

看到小贺高超的滑板技术，大家首先想到的就是：小贺运动神经真发达！这应该是大多数人的通病，我们总是容易将别人的光环归结于天生的优势，因为只有如此，我们才能心安理得地忽略自己的平庸和失败。

但实际上，优势所能带给我们的帮助是非常有限的，当你具备某方面的优势时，你必须把它与勤奋相结合，这样才可能真正做出一番成绩，否则，优势仅仅是个人的一个特点罢了，连特长都算不上，拥有优势却不愿努力的人，无异于白白辜负了上天的馈赠。

失败者总喜欢将自己的失败归结于客观条件上的不足，比如自己出身的普通、运气的不佳、机会的缺乏等。他们以羡慕的眼光注视着成功者的成就，以嫉妒的口吻讽刺着成功者的好运，仿佛他们的成功完全就是命运所赋予的优势。但事实上，人生又哪会存在绝对的优势或劣势呢？想要建起成功的大厦，就必须以绝对的努力和付出作为基石。人生绝不会有随随便便的成功，也绝不存在命运注定的失败。

　　对于每个人而言，真正的优势，是我们明白自己拥有什么，却不会将它当成全部，它是我们前进的资本，给我们信心，但它不是胜利唯一的凭借，我们能依靠的只有自己，无论任何时候都应全力以赴，唯有如此，才能得到真正的成功！

　　因此，如果你是人生的幸运儿，那么请提高警惕，丢弃你的侥幸心理，依赖优势是你必须克服的心理症结；如果你从不曾受到命运的青睐，那么请重拾信心，停止一切的自怨自艾，你要相信的，应该是自己不懈的努力与坚持，而不是某些天赋或不够扎实的积累。请记住，世事无常，在这个世界上，从来不存在绝对的优势或绝对的胜利，只有不断地努力，不断地提高自己，你才能发挥最大的优势！

PART 5 / 哪有什么光鲜人生，
强者都是含着泪奔跑的人

人生很累，若现在不累，那么以后就会更累；人生很苦，若此刻不苦，那么以后就会愈发得苦。在光鲜的人生背后，藏着的都是满目的疮痍与泪水，哪有什么一劳永逸，哪有什么随便的成功，要知道，这世上的每一位强者，其实都是人生道路上含泪奔跑的人。

你不努力，就不要抱怨世界太现实

曾听朋友说过这样一件事：

朋友的表妹夏天刚刚毕业，前两天她找朋友聊天，说很心烦。朋友问她，是工作做得不开心吗？她说，做得的确不开心，更重要的是，她被辞退了。

表妹的话让朋友大吃一惊，因为距离她入职，也不过短短一两个月的时间，于是，朋友安慰她说，这种无缘无故把员工辞退的公司，不做也罢。

哪知，朋友这一句开导人的话，却让表妹找到了"知音"。顺着朋友的话，表妹便开始了对这家公司炮轰式的口诛笔伐：公司一点也不人性化、公司制度太严苛了、工作强度太大吃不消、同事之间拉帮结派、工资待遇太低、领导欺负新人……总之，全是坏的，而没有一丁点的好，语气中满是愤恨。

在表妹抱怨的过程中，朋友不停地在思量她的话，心里暗想，这好歹也是一家不错的互联网公司，这两年发展也不错，真的有那么不堪吗？

朋友又问表妹："为什么会辞退你呢？"

表妹的怨气更深了："还不是末位淘汰惹的祸。"

原来，互联网公司的竞争是十分激烈的，为了在竞争中立足，这家公司推出了末位淘汰机制，每半个月就会对员工进行一次考核，连续三次没有通过考核的，就会被淘汰。

　　按理说，表妹名牌大学毕业，如果稍加努力，在这个200人的企业中，也不可能落得回回排名靠后的下场，可是表妹在总结淘汰原因的时候，却丝毫没有提到自己身上可能会存在的问题，反而一直在抱怨公司，把所有责任都推给了公司。

　　朋友又问表妹："那你接下来有什么打算呢？"

　　这时候，表妹的抱怨终于停止了。她说："我想请你帮我留意一下，看有没有合适的工作，我的要求也不是很高，只要轻松一点、工作环境好一点、待遇好一点就可以了。"

　　听到这，朋友不禁倒吸了一口凉气，天底下哪有这么好的工作呢？他也终于明白了为什么学历不低的表妹会通不过考核，原因绝非像她抱怨的那样，全是公司的问题，她自己的责任，反而要更大。

　　或许在表妹看来，她名牌大学的学历足以让她高枕无忧，一毕业，就应该有一份待遇好、环境好、轻松一点的工作等着她。然而，社会是现实的，作为一块不错的敲门砖，名牌大学的学历或许的确可以让机会更青睐于她，但离开了学校、进入了公司之后，每个人其实都站在了同一起跑线上。当大家都加足了马力向前冲的时候，她却不愿意付出，于是，她和别人的距离自然越来越远。最关键的是，面对被别人"甩出了几条街"的状况，她并没有积极地从自己身上找原因，反而将问题都推给了公司，抱怨制度不合理、抱怨用人机制有问题等。

　　在现实的生活中，像表妹这种动不动就怨天尤人的人还有很多。他们总是抱怨自己怀才不遇、生错了时代，总是艳羡那些年纪轻轻就功成名就、挥金如土的人，总是认为全世界都亏欠了自己，却完全看不到自己身上的问题，也不愿意花时间和精力去争取进步，而总是幻想能不费吹灰之力就能一步登天、坐享其成。于是，他们也总会不可避免的失败，悄悄的与别人拉开了差距。

事实上，抱怨是成功道路上最致命的障碍。当我们在抱怨生活种种不济、事业种种不顺、人生种种不如意的时候，我们其实是浪费了大把大把美好宝贵的奋斗时间。长此以往，随着抱怨次数的越来越多，结果只有一个，那就是把自己置身于某种坏情绪的恶性循环之中，让自己离成功越来越远，既耽误自己，也影响别人。

面对挫折和困难，面对不理想的境况，与其抱怨，不如努力去奋斗，在勤奋和磨砺中，来改变自己所处的困境，去成就更好的自己，争取更好的成绩。

换言之，你不努力，就不要抱怨世界太现实，没有谁会永远无条件地惯着你。

他叫阿强，出生于农村，曾是学校里著名的小混混。高二那年，因为聚众打架，他被学校开除了。从那时起，他便背起行囊，四处闯荡，过上了漂泊无依的打工生活。

两年后，他的母亲因病去世了，在生命的最后时刻，母亲对他说，这辈子最大的遗憾，就是没有看到他成才。这件事对他影响很大，从那以后，他彻底改变了，不再游手好闲，而是走上了一条奋斗之路。

那时候，他在一家餐馆做服务员，不仅工作脚踏实地，还总是在业余时间观摩大师傅炒菜。看他踏实肯干又肯吃苦，大师傅便让他去厨房帮厨。八年的时间，他从帮厨到切墩再到后来当了厨师，并且在这期间还自己钻研出了几道不错的菜品。再后来，他又通过自己的努力，拿到了营养师资格证。如今，他在一家星级的酒店掌勺，不仅凭着自己的本事买了车、买了房，也凭借着自己的努力完成了母亲的遗愿。

　　在我们身边，除了有像朋友表妹夏天那样浮躁的年轻人之外，也有不少像阿强这样通过奋斗改写自己命运的年轻人。在现实的生活中，我们总会听到很多抱怨，抱怨工作不顺、抱怨事业暗淡、抱怨命运不济、抱怨社会现实。在抱怨的同时，却又不愿意努力去做出改变，还总是坐井观天，故步自封，这种自哀自叹，正是导致他们生活不如意的根源。

　　或许，当我们在抱怨的时候，真的应该扪心自问：我有多久没有认真做一件事情了？宝剑锋从磨砺出，梅花香自苦寒来，古往今来，没有一个人的成功，没有一份成绩的取得，是在抱怨中完成的。

　　如果说抱怨是一种病，那么唯一能治愈这种病的良药，便是努力。

　　正所谓天道酬勤，一个不懂得奋斗、不懂得为自己的梦想、为更好的生活努力打拼的人，无疑是可怜和可悲的，而那些明知道该努力奋斗却不去努力、不去奋斗的人，更是可气的、可耻的。面对生活，如果你总是想走捷径、总是期望一步登天，那么，你最终会被摔得很惨。所谓的捷径，不过是美丽的肥皂泡，一戳就破，甚至，它还会带着你走向万丈深渊，让你连个抱怨的机会都没有。

　　不可否认的是，这个社会的确现实，所以机会不会从天而降。面对现实的社会，你唯一能做的，便是停止抱怨，努力打拼！

走得艰难就对了，说明你正在上坡

雪莱曾说过："如果你过分珍爱自己的羽毛，不使它受一点损伤，那么你将失去两只翅膀，永远不再会凌空飞翔。"我们若想获得成功，就要勇敢承受生命中的困难，因为只有解决掉通向成功道路上的所有困难，我们才能摘取金色的花朵。

成功与苦难就像光与影，永远都是如影随形、不可分离的。在这个世界上，没有任何一条通往成功的路是一帆风顺的，想要得到多少，你就得付出多少。哪怕在最美好的童话故事里，王子也需要去打败恶龙，才能救出最美丽的公主。

所以，当你感觉前路难行的时候，别急着抱怨和退缩，也许在苦难的前方，等待你的，就是那令人艳羡的荣耀。就像爬山一样，走得艰难就对了，说明你一直在上坡，等你走过这段艰难的路，便能领略到山脚下永远也看不到的风景。

人这一生中，最可怕的不是苦难，而是安逸。你的路走得越是安逸，就说明你越是缺少上升的空间，甚至可能一直在走下坡路。你的日子过得越是轻松，那么就意味着你离成功越是遥远。但很多人都不明白这个道理，他们总是在等待"奇迹"，却又不舍得付出，不敢挑战苦难。他们总希望得到高回报，希望得到老板赏识，这当然是好的，可是一碰到困难就担心自己克服不了，害怕自己受到伤害，总在试图绕圈子，或者是希望别人来解决困难，这样凭什么获得成功呢？他们又有什么资格去享受光环和荣耀呢？

　　牛慧和刘彤彤是大学同学，毕业以后两人同时进入一家国有企业做客服工作。主要负责与公司客户进行日常的电话沟通，记录客户投诉的基本情况，以及解决一些简单的客户投诉问题等。

　　由于客户的投诉多是抱怨，牛慧觉得耐心地对客户解释问题是一项很麻烦的事情，而且很多时候讲了半天客户还是不明白，于是她接电话时总是不冷不热，或者干脆就把问题推到销售部或管理部那里。

　　刘彤彤则不一样，她对客户的投诉总是热情相待，遇到刁难的客户她也会想方设法地去处理，总之凡是自己能解决的事情就尽量自己解决。虽然一开始的时候也总会出错，不过随着一个个问题的解决，她的工作能力大大提高了。

　　一段时间后，有客户将投诉电话打到了经理办公室，控诉牛慧工作能力差，不能快速、准确地解决他们的问题。经理担心牛慧影响公司业务的发展，便找了一个理由将她解雇了，而刘彤彤则凭借着众多客户的一致好评，受到了经理的重用。

　　一个人生活在世界上，总会遇到这样那样的困难，此时难免就有一些人会表现出一幅畏畏缩缩、敷衍了事的态度。他们认为，解决困难是一件费心费力的事情，而且付出一番心血之后困难还是无法解决，岂不是浪费。

　　但是，困难存在于我们生活的每个角落，如果见到困难就知难而退，轻易放弃，困难就能自行消失吗？就算别人帮你解决了困难，那么，下次呢？在遇到同样的问题的时候，你还要继续做"鸵鸟"吗？

　　事实上，阻碍我们行动的，往往是心理上的障碍和思想中的顽石，并不是事情本来有多么困难。困难就是纸老虎，我们不怕它时，它就该怕我们了。在困难面前，只有先相信自己能战胜它，才有可能真的战胜它。

管军是某杂志社发行部的业务员，他进公司不到一年的时间，就提拔成了该社的市场总监，薪水也翻了两倍，令众人羡慕不已。管军是如何在职场中取得成功的呢？这就是强于别人的解决问题的力。

几天前，为了配合杂志社今年的发行工作，上司紧急召开部门会议，决定做些促销活动，做些有声读物作为礼品随刊赠送给读者，以扩大杂志的影响力，但有言在先："我不想花钱，但是这件事还得办！"

要取得畅销读物的制作权，必须从音像公司买版权，不出钱怎么行呢？上司一说出这一计划，全场鸦雀无声。管军也感到这事很棘手，但他脑子聪明，他绞尽脑汁想出了一个办法，即在杂志上给对方一定的版面做回报。

得到上司认可后，管军就立即着手行动，和某畅销图书的音像出版商进行联系，除了答应给对方一定的版面宣传，并再三强调："其实归根结底收益的还是你们，我们做推广的过程其实也是给贵公司产品做宣传的过程。"

很快，该出版商被说动了，于是，双方结成了合作关系，实现了双赢的合作。公司其他人没有解决的问题，管军解决了，这自然引起了上司的认可和重视，管军就这样被提拔为市场总监了。

有位IT界的成功人士说过："我把困难当成通往成功的阶梯，每当困难被我踩在脚下，成功就离我更近一步。"放眼望去，那些春风得意、叱咤风云的人，哪个不是克服困难、解决问题的高手！

有很多事情看起来很困难或不可能，但是只要我们勇敢、积极地面对困难，下定决心并付诸行动的时候，会发现它们就像"纸老虎"一样很容易被戳破，如此我们就能清理掉前进道路上的"绊脚石"。

　　总之，困难不是洪水猛兽，不要再恐惧艰难险阻，不要把困难扩大化，抱着"困难就是纸老虎"的态度，不被眼前的困难吓倒，才能跨越一个又一个苦难。战胜的困难越多，你就会越成熟，越有成就感。而战胜困难之后，迎接我们的，必然是鲜花与掌声、荣耀与王冠！

要想成功，你就得把自己往死里整

记得曾看过一个故事，说深山里有两块石头被人们开采了出来，一块做成了阶梯，每天被千万人踩踏，而另一块则雕成了佛像，每天被千万人朝拜。做成阶梯的石头很郁闷，就对雕成佛像的石头抱怨说："你瞧，你运气多好啊！明明我们都是一个地方出来的石头，怎么这待遇却天差地别呢？"听了这话，被雕成佛像的石头慢悠悠地说道："虽然我们是同一个地方出来的石头，可你只挨了这么几刀就铺到地上做阶梯了，而我呢，却是经历了千刀万剐之后才成为佛像的啊！"

很多时候，我们其实就像铺在地上的"阶梯"一样，总是羡慕着"佛像"的成功，却看不到这成功背后的辛酸和苦楚。在这个世界上，任何的成功都不是一种偶然，更不仅仅只是运气的加持。就像一块石头，想要变成一尊佛像，就必须经过千刀万剐才能成型，人生哪有不经苦难就能直达成功的捷径？

的确，不可否认，在这个世界上，有些东西是我们无法改变的，比如出身贫寒、相貌不好，抑或是天灾人祸，这些都是封住我们生命光辉的"茧"，但有些东西我们却可以选择，比如自尊、自信、努力、毅力、志气、勇气，而它们，正是帮助我们穿破命运之茧最终成蝶的利刃。此时此刻，也许你还在羡慕那些不费吹灰之力就已平步青云的人，但那毕竟只是少数的幸运儿，总有一天你会知道，对大多数人来说，那些能够扛起人生重担在泥泞与荆棘中步步向前、一直坚持到最后的人们，才是走得最远最好的。

有没有听过这样一句话？人是训练出来的，人才是折磨出来的，富翁是折腾出来的，大富翁是垂死挣扎出来的。想要成功，你就得把自己往死路里逼，把自己推上刀山抛下火海，苦心志，炼筋骨，忍人所不能忍，行人所不能行。虽然这是一个异常痛苦的过程，但也只有痛苦才能让我们更好地成长。

有个人从小相貌丑陋，还患有严重口吃，又因为疾病导致左脸局部麻痹，嘴角畸形，一只耳朵失聪，别的孩子看见他时，都掩不住露出鄙夷之色。他的母亲为此感到极度痛心："一个才来到世上没几年的孩子，就要遭受命运如此残酷的虐待，这让他以后怎么生活啊！"但她除了给予孩子更多的爱护以外，还能做些什么呢？然而，或许这个孩子天生就是个生活的强者，他比一般孩子更快地走向了成熟。

他那畸形的嘴角，似乎随时都能嚼碎别人嘲讽的话语；他那失聪的耳朵，听不进任何人的奚落和侮辱。虽然他也深深自卑过，那颗心就像一只脆弱的蛹，但他更有披荆斩棘的意志，他下决心要自己咬破那些厚重的、令人窒息的"茧"！

当别的孩子还在玩具堆里开心玩耍时，他就已经在茫茫书海中泛舟前行了；当别的孩子还在咀嚼香甜可口的巧克力时，他却把书本嚼得津津有味、在别的孩子排斥他、疏远他时，他就在书籍中寻找能够促膝而谈的智者。他用书本上的知识磨砺了自己坚韧的品质和永不言败的精神。

为了矫正自己的口吃，他模仿古代一位有名的演说家，嘴里含着小石子讲话。他要证明：柔软的舌头也能比石子和口吃的顽疾更坚韧！看着儿子被石子磨烂的嘴巴和舌头，母亲痛哭不止："不，不要练了，孩子！妈妈会照顾你一辈子的！"他拭去母亲眼角的泪水，平静而坚定地说："我要做一只美丽的蝴蝶。"

历经这种长期自残似的训练以后，他终于能流利的讲话了。因为他的勤奋和善良，高中毕业时，不仅他的成绩让人刮目相看，还顺利考入了一所名牌大学的法律专业，人缘也好得不得了，周围的人，没有谁再会嘲笑他，他得到了大家的敬佩和尊重。这时，母亲为他找了一份不错的工作，希望他能按部就班地顺利过完一生，他同样平静而坚定地对母亲说："妈妈，我要做一只美丽的蝴蝶。"

他挣脱身上束缚的茧，朝着梦想大步向前。

那一年，他参加总理竞选，对手用心险恶地利用电视广告夸张他的脸部缺陷，末了还附上这样的广告词："你要这样的人来当你们的总理吗？"但是，这种带有明显人格侮辱的极不道德的人身攻击，引起了大部分选民的愤慨和斥责。当他为了成功所做的努力被民众知道以后，又为他赢得了极大的尊敬，并高票当选为国家总理。他用讲话时总是歪向一边的嘴巴向民众郑重承诺："我要带领国家和人民成为一只美丽的蝴蝶。"从那以后，这句竞选口号就成了人们广为传诵的名言。

他就是加拿大第一位连任两届、被人们亲切地称为"蝴蝶总理"的让·克雷蒂安。

桂冠上的飘带，不是用天才纤维捻制而成的，而是用痛苦、磨难的丝缕纺织出来的。想让自己越来越强大，就必须把自己往死路里逼。就像让·克雷蒂安一样，若不是对自己狠得下心，若不是一直咬着牙含泪奔跑，又怎能破茧成蝶、扭转自己的命运呢？

请相信，当命运给你一个比别人低的起点时，是希望你用一生去打造出一个绝地反击的结局。这个结局不是一个顺理成章、水到渠成的童话，没有一点人间的烟火气，这结局是有志者，事竟成，破釜沉舟，百二秦关终属楚；这结局是苦心人，天不负，卧薪尝胆，三千越甲可吞吴！

所以，不要怕把自己往死路里逼，关键是能不能活出价值，能不能置换回成功的资本。今天你所付出的一切，都会成为他日为你编织桂冠的材料；今天你所遭遇的苦难，都会成为刻在你生命里程中的荣耀！

每一种厄运，都隐藏着成功的种子

爱默生说："每一种厄运，都隐藏着让人成功的种子。"

温室里的花朵即便再鲜艳，也没有经历风雨后的残花有魅力，而一个不曾历经过挫折的人，也很难体会到百转千回后柳暗花明的喜悦。苦难是人生一抹最特别的色彩，或许不够明亮，不够温暖，但却有着别样的魅力。就像黑夜与寒冬，虽充斥着无尽的黑暗和冷酷的严寒，但同时也点缀着迷人的星芒与纯白的雪霜。

在生活中，常常会听到有人抱怨自己的生活不如意，总是遭受各种无端的挫折。诚然，遭遇挫折和苦难并不是一件令人欣喜的事，但在这个过程中，我们却也并非是完全没有收获的。在战胜挫折、克服困难的同时，我们也在增长阅历和经验，在不断磨砺中获得成长，而这些都是人生最宝贵的财富，若是不能理解这一点，让自己不断陷入抱怨和自怨自艾的循环中，结果只会让越来越多的不如意纷至沓来。

人生其实就像一场旅行，而那些不经意经历的挫折，在很大程度上可以看成是旅行中的岔路，虽然这些岔路会让我们暂时迷失前进的方向，但只要坚持不放弃，我们终究还是能走回既定的路线，更何况，那些岔路上的风光，不也是人生中一道别样的风景线吗？

出生在贵族家庭中的巴威尔·利顿爵士，原本完全可以凭借着家族中的财富享受着自由自在的奢华生活，但是他最终却选择写作这样一个职业。众所周知，职业写作并不像外人想象中那样的清闲，它完全是一个苦差事，还经常需要熬夜，所以当时他的选择遭到了众多人的质疑。很多人认为他完全是哗众取宠，觉得以前没有丝毫文学才华表露出来的他只是为了满足自己的好奇心，体验一下生活而已。但是，只有巴威尔·利顿本人才知道他坚持这样做是为了什么。

经过夜以继日的煎熬，巴威尔终于创造了自己的首部诗作《杂草和野花》，然而，这部凝结着他心血的作品却被当时的文学界视为毫无价值。一位文学评论家甚至讥讽道："这就是真正的'杂草和野花'，巴威尔那个家伙还真是自不量力，以为凭一句'啊，美好的生活'就能够进入作家行列，实在是太可笑了。"

第一部作品的失败让贵族出身的巴威尔成了当时文学界最大的笑料，但是他并没有选择放弃，而是将他人的批评看作是对自己的一种激励。于是，他继续埋头创作，过了一段时间后，他的首部小说《福克兰》问世了，令巴威尔感到沮丧的是，这又是一部失败的作品。在经过这次的打击后，一些看不惯他的人对他的嘲讽就变得更加肆无忌惮了，认为他根本不可能在文学上取得任何像样的成就。

连续两次的失败并没有让倔强的巴威尔消沉，他仍然笔耕不辍，继续坚持着写作。或许正是这种倔强让巴威尔的文字慢慢有了灵感，一年以后，巴威尔发表了自己的第三部作品《伯尔哈姆》，这部作品一问世，就得到了广大的评论家以及读者的好评，成为一本津津乐道的好书。

从失败的阴影中走出来以后，巴威尔继续着自己的文学创作之路。在以后的创作生涯里，他又发表了许多优秀作品，并为广大读者所喜爱。

在一次次的挫折中，巴威尔并没有被挫折打败，而是吸取经验，并最终在挫折中找寻到了正确的方向。

挫折是成长路上的常态，它让强者穿越迷雾，也让弱者无所适从。无论一个人有多么不愿意面对挫折，但只要想成就一番事业，就必须学会在挫折中默默忍耐，学会在挫折中渐渐辨明方向，学会在挫折中慢慢积蓄力量。展望未来自会苦尽甘来，犹如鲲鹏展翼，扶摇直上。

在离别时，人们常常喜欢用"一帆风顺"来做最后的结语，但是自然界的常识告诉我们：只有风帆直面风浪的时候，才会顺风顺水。那些人生中的挫折其实就像是吹向风帆的风，只有坚持住，直面它，才有可能顺风顺水地前行。成功后不偏离最初的梦想，受挫后不迷失坚持的方向，这正是一个成大事者所应拥有的气度。

熟悉瓷器行当的人都知道，绝顶的瓷器是有着灵性的，它体现的是烧陶人的性格。而台湾的一位著名陶艺师以其二十年来对陶艺的坚持与喜爱，并不断地向前辈、大师学艺，历经无数次的挫折和失败，最终形成了独具一格的作品特色。

在陶瓷艺术中，这位陶艺师是一名十足的"痴汉"，艺术已经完全融入了他的生命之中。他总是强调自己的名字中带有火字旁，他也很在意这个"火"，"都说炉火纯青才能让瓷器摇曳生辉"，与传统的瓷器烧制方式有所不同，他通过改变火在窑炉中穿行的过程来烧制别具一格的瓷器。

在材料方面，他也不同于以往的柴烧方式，而更多地运用燃气窑、电窑等多种方式来达到他想要的温度。特别是他最钟爱的小口瓶，因为瓶口的直径只有0.1厘米，工艺难度非常的高，根据这位工艺师的介绍，这样的瓶子，通常来说，烧10个会有9个以失败告终，可正是因为这样的工艺难度，才让他要不断地埋头于自己的工作室寻求改进的方法。在他看来，正是这一次次的挫折让他不断地逼近完美，一次次的失败最终让他成型的作品散发着迷人的光辉。

　　这位陶艺师的成功是多方面的，除了看不见的天赋外，更多的是他的坚持。这种坚持来源于他对挫折的理解，来源于对成功信念的不放弃。即便烧制一个陶瓷作品的成功率是如此的低，但他始终坚信自己会有看到完美作品的那一天，而最终，也正如他的期望那般，他的作品正慢慢地接近完美。

　　请记住，每一种厄运，都隐藏着能够帮助我们获得成功的种子，而我们需要做的，就是在陷入困境时依旧咬紧牙关，不放弃希望，坚持做自己认为正确的事情，终有一天，这些苦难与眼泪都会成为我们生命中最宝贵的财富，成为帮助我们获得成功的资本。

滴自己的汗，吃自己的饭，靠自己才是好汉

泰戈尔曾经说过："顺境也好，逆境也好，人生就是一场面对种种困难而进行的无尽无休的斗争，一场敌众我寡的战斗。只有笑到最后的，才是真正的胜利者。"可以说，在信念的驱使下，在拼搏精神的照耀下，就没有跨越不过去的山，迈不过去的坎儿。当然需要摒弃世俗的观念和他人抛出的嘲笑，在征服一个又一个困难后，蓦然回首，你就会幸福地为自己获得的成功而流泪。

我们每个人都想成就一番自己的事业，而要实现这一目标，首先就要懂得"凡事应靠自己"这一道理。应该说，在人的一生中，自己才是最大的依靠，只有成了一个名副其实、真正掌握自己命运的舵手，你的未来才会有希望成功。

"琼斯乳猪香肠"是美国人人皆知的一种美食，它的发明者叫琼斯。在琼斯发明这种美食的过程中，还藏着一个感人至深的故事——琼斯与命运的斗争。

琼斯之前工作于威斯康星州农场，那个时候，他的生活尽管非常贫穷，但他身体强壮，工作认真勤勉，生活得比较幸福。

但是，谁也没有想到，一次意外事故改变了琼斯的命运，导致琼斯瘫痪在床。在很长一段时间里，他整天生活在可怕的阴影里，每天抱怨老天对他的不公平，他痛苦极了，甚至连他的亲友都觉得他此生彻底完蛋了。

有一天，琼斯的妈妈鼓励儿子说："琼斯，我不愿意听你说生活

的糟糕是上天的意愿。你要知道，是你自己掌握着自己的命运。"

在接下来的几天时间里，琼斯都在深刻地反思妈妈说的这句话："是啊！为什么只是埋怨上天，而想不到自己主动去改变命运呢？尽管我没有了双腿，但是我的大脑还在啊！"

从那日起，琼斯每天信心十足，这也让家人重新燃起了希望，后来他决定自己创业。在那段日子里，他每天都会在自己的心中留下积极的想法，并快速过滤掉一些消极的想法。

经过数日以后，琼斯终于告诉家人自己的致富构想："实际上，我们的农场完全可以改为种植玉米，用收获的玉米来养猪，然后趁着乳猪肉质鲜嫩时灌成香肠，将它们出售出去，我想销路一定会很好！"

果然，事情就像琼斯预料的那样，待家人按他的计划准备好一切后，"琼斯乳猪香肠"真的红遍了美国，成了受大众欢迎的美食，琼斯也因此成了赫赫有名的"香肠大王"，从而彻底改变了自己的命运，并让一家人的生活富足起来。

尽管老天为琼斯关上了一扇门，但同时也为他开启了一扇窗。在生活的道路上，一旦前方出现"挡路石"，我们一定要凭借自己的双手，发挥自己最大的能量去解决问题，如果只是期盼别人过来拉自己一把，那么问题永远都得不到真正意义上的解决。

俗话说得好"天无绝人之路"，不管生活以什么样的面目面对我们，我们都要始终坚信"人生没有过不去的火焰山"。就像琼斯，他之所以最后能让"琼斯乳猪香肠"一炮走红，就是因为他有着一颗坚定的心，自始至终都坚信"冬天过后春天就不会太远"。所以他从未被眼前的绝境所吓倒，而是依靠自己的聪明智慧，从绝境中抓住了希望，寻找到属于自己的致富之光。

有一句俗语同样也是大家耳熟能详的："在家靠父母，出门靠朋友"。诚然，人生在世，总要或多或少地依靠自身以外的各种帮助——父母的养育、师长的教诲、朋友的关爱、社会的鼓励……

确实，我们生活于这个社会上，就不可避免地要和形形色色的人打交道，不管做什么事情，不可能只依靠自己一个人的力量，"独行侠"在这个时代是永远走不远的。但我们所说的"在家靠父母，出门靠朋友"的"靠"，并不是毫无原则的依赖，而是近似于一种等价交换、一种人情往来。你需要别人帮忙，那么你就必须同样具备能够帮助别人的资本，在别人需要你的时候给对方提供方便，有来有往，关系才能长久。

可如果你所理解或期待的"靠"已经远远超出或大大脱离了一个人需要外部力量帮助的这种正常之"靠"，而演变成"唯父母和朋友是靠"的依赖心理，把自己立身社会的希望完全寄托在父母和朋友的身上，那么终有一天，你会消耗完自己所有的人情，消耗完所有别人对你的耐性，到那个时候，再也没有可"靠"之人的你，又该何去何从呢？

在《聪明的笨蛋》一书中，讲到了作者从小是不被老师看重的孩子，就连他长大之后，还曾经两次被公司领导辞退过，令他甚感困惑的是，为何他如此努力，却仍旧一事无成。

他也曾经为此否定过自己，在内心做过激烈的挣扎，在那个时候，他甚至还被别人称为"精神病"。然而，他内心深处始终有一个声音在呐喊——靠自己坚持下去，正是凭借这样的信念，面对失败，他一次次顽强地撑过去了，其间确实遇见了几位不错的老师，另外在妻子的鼓励下，他最终如愿取得了心理学博士学位。

在他五十四岁那年，他终于理解了"学习障碍"这个名词，还知道了他之所以受到如此多的苦难的缘故，后来他还以自身艰难的经历激励了身边的很多人。

这位作者的经历告诉我们：只要自己抱有十足的信心和顽强的毅力，困难终究会被战胜。他也正是凭借自己的这种精神将各种障碍克服掉的，当然这不是别人所能给予的，因为靠谁都不如靠自己。

郑板桥曾经说过，滴自己的汗，吃自己的饭。自己的事，自己干。靠天靠地靠祖上，不算是好汉。这虽然算不上为人处世的金科玉律，但却阐释了一个铁律：千靠万靠，不如自靠，天地万物之间，最能依靠的人是你自己。

我们的生活不可能每一天都拥有春天般的好天气，也不可能没有风风雨雨的降临。但只要我们有接受风雨的勇气和宽广的胸怀，即便被挫折打倒在了地上，也能坚强地爬起来，重整自己的装束，以乐观的心态挑战自我、挑战命运。相信总有一天，你会发现：自己可以主宰命运的沉浮！

要想尝到甜，就要先知道苦的滋味

假如有人问："想成功的人请举手！"相信绝大部分人都会举手。

但如果有人问："想吃苦的人请举手！"那么恐怕大部分人都不会举手。

生活中很多人其实都是这样，当他们听说做某项事情需要付出很大代价的时候，只要稍微遇上一丁点的不顺利，就可能立即退缩，不愿涉足苦的边界，没有勇气面对苦难。所以，在成功的道路上，总是有无数的人踏足，渴望一尝成功的甜；同时却也有无数的人在中途放弃坚持，因为挨不过苦的滋味。

是呀，谁不愿意自由舒适地享受生活的甜美呢？谁不愿意让自己远离一切的辛酸苦楚呢？但我们需要知道的是，"艰难困苦，玉汝于成"，只有经历每一次的苦涩锻炼，一个人才能够拥有更为顽强的胆魄，更为坚定的意志，更能勇敢面对生活的信心。也只有踏过了荆棘丛生的坎坷路途，人才能走入成功的花园，戴上胜利的冠冕。

"铁经淬炼才可成钢，凤凰浴火才能重生"，这句话告诉我们，逆境是对人生的挑战，挫折可以锻炼和增强我们的意志。在战胜困窘和逆境的过程中，只要我们经受住了严酷的挑战，也就迎接到了新的希望。

没有始终平静的大海，也没有永远平坦的大道，人逢于世，遭遇凄风苦雨实属自然，生活有时候就像一个大熔炉，在经过烈火的煅烧时，有人变得软弱，有人变得坚强，有人虽熔化了但却流芳千古。

对于弱者来说，苦难是一道难以跨越的门槛，是泯灭意志、甚至导致沉沦的深渊；而对于强者而言，苦难则是磨炼意志的训练场，是助其成长的必经之路。正如法国大文豪巴尔扎克所说："苦难，对于天才来说是一块垫脚石，对于能干的人来说是一笔财富，而对弱者却是一个万丈深渊。"

由于是家中的独女，自小被父母万般疼爱，琳岚就像温室里的花朵一样脆弱，稍有不如意就唉声叹气。父亲意识到琳岚的这个问题后，把琳岚带进了厨房，一堂"生活实践课"就这样上演了。

父亲在三个同样大小的锅里装满了一样多的水，然后将一根胡萝卜、一个生鸡蛋和一把咖啡豆分别放进不同的锅中，再把锅放到火力一样大的三个炉子上去烧。不到半个小时，父亲将煮好的胡萝卜和鸡蛋放在了盘子里，将咖啡倒进了杯子，微笑着询问琳岚："说说看，你见到了什么？"

"当然是胡萝卜、鸡蛋和咖啡了。"琳岚一头雾水。

"那么，你再来摸摸或用嘴唇感受一下这三样东西的变化吧！"

琳岚虽然疑惑不解，但还是照做了。

这时，父亲不再微笑，而是十分严肃地看着琳岚说："你看见的这三样东西是在一样大的锅里、一样多的水里、一样烈的火上，用一样多的时间煮过的，可它们的变化却迥然不同：胡萝卜生的时候是硬的，煮完后却变得绵软如泥；生鸡蛋是那样的脆弱，蛋壳一碰就会碎，可是煮过后连蛋白都变硬了；咖啡豆没煮之前也是很硬的，虽然在煮过一会儿后变软了，但它的香气和味道却溶进了水里，变成了香醇的咖啡。"

听了父亲的话，琳岚仍然不解其意，一脸茫然。

父亲接着说："孩子，面对生活的煎熬，你是像胡萝卜那样变得软弱无力，还是如鸡蛋一样变硬变强，抑或像一把咖啡豆，虽然自身受损却不断向四周散发出香气呢？简而言之，生活中的强者会让自己和周围的一切变得更加美好而富有意义。"

一番话后，琳岚终于明白了父亲的良苦用心，从此再也没有对生活消极怠慢过，而是坚强乐观地去经受一切的考验。

一块足以让人一目了然的金子必将是经过熔炼后才能发出熠熠的光辉，这时的出炉便也是一种功到自然成的结果。《西游记》中齐天大圣孙悟空不正是经过太上老君炉中的淬炼才终成了火眼金睛的吗！

不愿吃苦、不能吃苦、不敢吃苦的人，往往要苦一辈子。如果能忍受一般人忍不了的痛，吃一般人吃不了的苦，想一般人想不到的事，坚持一般人坚持不了的信念，那么终究有一天，会走出困境，享受人生。

曾经有这样一个习俗：一个孩子刚刚生下来时，喂养的不是纯净水，也不是母乳，而是大黄！然后，逐渐喂以甘草汁，最后才进入正常喂食的哺乳过程。这其实包含着一个重要的人生哲理：要想尝到甜，就要先知道苦的滋味，先苦后甜，这就是人生的滋味。

因为，从某种意义上来说，"苦"是客观存在的，吃苦是每个人一生中都无法避免的。所以，要从出生开始，就给生命一个无限韧性和耐力的意识，让人们明白，只要拥有吃苦耐劳的韧劲儿，外界就无法阻挡我们前进的脚步。

若想在事业上有所建树，若想拥有一片不一样的天空，就必须始终相信自己，学会勇敢和坚强，积极迎接各种困难和挑战，不断在实践中丰富自己的阅历、提高自己的能力，始终如一地奋勇努力，直至磨砺出生命的真金。

　　要知道，吃苦是一个人的命运从悲凉走向热烈的过程，是一个人从怯懦步向强悍的桥梁。所以，在困难面前，我们不应该早早放弃，而是要相信自己，敢于吃苦，善于从苦中进步和升华，相信我们的事业定能鼎盛辉煌，人生定能绽放光芒！

在你不知道的地方，别人其实也很优秀

在古希腊，人们常常认为，世界上最聪明的人并不是无所不能的学者，而是那些敢于承认自己无知，并愿意谦虚地面对学问的人。我们不是百科全书，对世界上很多知识，都仅仅只能做到一知半解，还有更多的知识，则还处于懵懂状态。关于生活、关于自然、关于宇宙、关于我们的灵魂，我们有太多的疑问，即便穷尽一生都无法一一了解。我们需要更多的智慧来充实自己的头脑，需要付出更多的努力去换取知识。因此，敢于承认自己的无知并不是件丢脸的事，这说明你了解自己，清楚自己的弱项，也只有这样的人，才有进步的机会和提升的空间。

每个人都有自己所擅长的东西，也都有自己的不足。当你觉得自己处处比别人强的时候，或许只是因为你拿自己的优点去和别人的缺点比较了，这就好像拿一把米尺去和一把短尺比长短一般，有什么好值得沾沾自喜的呢？要知道，米尺虽然比短尺长，但换个角度来说，米尺的精确度却是远远不如短尺的啊，这就是常言说的"尺有所短、寸有所长"。

所以说，不要小看身边的任何一个人，他们的地位学识也许不如你，但总有一方面甚至多方面远远超过你。举个最简单的例子，也许你认为清洁工的工作很简单，但你能保证自己扫的地更快更干净吗？

一位漫画家刚刚结束一部作品的连载，这部作品人气很高，但同时也有读者、特别是女性读者指出，虽然漫画的故事非常吸引人，但男女主角的服装搭配都太土了，没有时尚感，对于这样一部大热作品，不得不说是一种遗憾。

漫画家为此大伤脑筋，恰好这个时候，读高中的女儿来向父亲要零花钱，漫画家正一肚子火，正想训斥女儿虚荣爱美，只知道花钱买衣服，却在一眼看到青春靓丽的女儿时，顿时眼前一亮，漫画家来了主意，拉住女儿询问年轻人穿衣搭配的诀窍，又拿出自己的作品请女儿指教，并对女儿说了新作品的构思，请她为出场人物设计衣服……

很快，漫画家推出新连载作品，很多读者惊喜地发现，以前这位漫画家靠故事取胜，没想到新连载作品竟然增加了时尚元素，主角们的穿衣搭配让年轻的读者们眼前一亮。面对夸奖，漫画家无比自豪地说，这都是他那个爱美的女儿的功劳。

漫画家的成功在于他不仅明白自己的弱势所在，更懂得欣赏别人身上的优点。当他发现爱美的女儿正好可以帮助他了解年轻人的审美视角和时尚潮流时，便虚心地向其请教，他并没有因为女儿是自己的后辈而觉得放不下面子，这样一位能够博采众长的人，获得成功也是必然的结果。可见，虚心使人进步，只有虚心的人才懂得欣赏别人，也只有虚心的人才能放下一切所谓"面子"或"尊严"去向别人请教学习。

每个人都有自己独特的知识构成和丰富的人生体验，这些东西可能是你从未接触、从未听说过的，如果你愿意向他们请教：他们也许是生病的老人、也许是打扮入时的高中生、甚至是玩折纸的幼儿园小孩，你就会发现你懂得的东西还远远不够，如此一来，你会更谦虚，也会更宽容。

一个运动员从六岁就开始练习短跑，十年来，他一步一步在区里、市里都取得了良好的成绩，他的梦想是进入国家队，取得参加奥运会的资格。

他的教练一直清楚他的愿望，一次比赛后，教练找他谈话，给他提出各种需要改进的动作，鼓励他继续努力，并希望他向一个很有耐力的选手学习。运动员不解地问："他一直是我的手下败将，这几次比赛也没有获得过任何名次，为什么我要向他学习？"

教练说："他虽然没有战胜过你，但他那种稳扎稳打的训练方法，却比你们任何一个人都要踏实，难道这不值得学习吗？"

孔夫子说："三人行，必有我师焉。"你永远不知道眼前那个不起眼的人有多么优秀，哪怕只是一个街边的乞丐，身上也总有你所不知道的东西。

每个人身上都有值得我们学习的闪光点，哪怕这个人是你的手下败将。你能战胜一个人，只能说明在这一领域，你拥有比他更强的实力，但不代表在其他方面，他就没有值得你去学习、去敬佩的地方。想要提高自己就要学会取长补短，只要对方身上具备自己所没有的优点，不管对方的身份如何，是不是比自己强，都要能够虚心向其学习，尊其为师。

常言道，学无止境，这并不是说一个人一生要有看不完的书，念不完的功课，而是说学问存在于生活的方方面面，任何一件你不熟悉、不了解的事，都可以当成一门学问，而那些了解、熟悉的人，都可以当作自己的老师。勤学的人不会放过任何一个学习的机会，也不会小看身边任何一个人——不论对方是牙没长全的小孩还是牙齿掉光的老人：小孩子的天真幻想能给人以诗意的启迪，而老人丰富的人生经历则能给人有利的指导。

　　别总觉得别人不如自己，在看不见的地方，别人或许远比你想象得要优秀得多。我们的心灵应是一个交流的平台，有自己营建的砖瓦，也有别人添加的装饰，不断更新，才能不断加高。不要总拘泥于自己的成就而忽视他人的优秀，保持一颗谦虚的心，才能在人生的道路上不断进步、不断提高。

PART 6 / 努力不放弃，便不会无路可走——你的坚持，终将美好

　　失败与成功的距离，有时就差一个坚持。在通往成功的路上，最大的考验往往就在于，你能不能坚持不懈地把想好的路走下去。要想看到最美的日出，就得挨过最黑的黎明，守到拂晓。人生便是如此，努力不放弃，便不会无路可走，哪怕只有万分之一的可能，那也是可能，也是希望。

只有熬得住艰辛，才能挺得起人生

"熬至滴水成珠，本身对人生来说，就是一个美妙景象，是一个美好的修炼过程。"这是作家池莉在散文集《熬至滴水成珠》中说过的一句话。在疼痛而诚挚中，凝聚了她的寻觅、沉吟、安宁和喜乐。

的确，人生本身就是在进行修炼，这种修炼就是一种"熬"，煎药般的"熬"，煲汤似的"熬"。"熬"的过程可以增强我们的心智，练就忍耐、沉稳与坚韧。在收获平和心态的同时，我们便会逐渐经得住折腾，担得起风浪。

璞要经过工匠的千雕万凿，才能成为价值连城的美玉；蛹要经过痛苦的四次脱皮，才能变成翩翩起舞的飞蝶。渴望成功就不要畏惧"熬"的艰辛，真正潜心做事之人都有体会：成功是"熬"出来的。

比如，李时珍撰写医药典籍，历时二十七年，访遍名山大川，尝遍百花野草，终于著成《本草纲目》，造福后代；司马迁忍辱负重，煎熬十年，终成《史记》，为后人研究古代历史提供了最详尽的史料。

一个"熬"字，多少时光岁月流转、多少点滴琐碎。"熬"字就是"难"字，就是"慢"字，就是"痛"字，就是"忍"字。明白这些转换，才能体会"熬"的无尽内涵，感受"熬"所蕴含的力量。

奥斯汀曾经说过一句话："在你心中的庭院，培植一棵忍耐的树，虽然它的根很苦，但是果实一定是甜的。"在"熬"的过程中，你要努力把根扎得很深很深，汲取养料，你的树干会不知不觉地成长，总有一天会荫蔽四方，结出甜美的果实。

听说过一个有趣的实验。

教授给十个孩子每人发一颗糖果，并郑重其事地说："必须等到三个小时之后再吃，到时就会有更多的糖奖赏给你们。"三个小时之后，他回来一看，只有一个孩子还拿着那块糖，其余的孩子全部偷偷吃了。多年后，他调查了这些孩子们各自的情况，发现忍住没吃糖的那个孩子的事业是最成功的，是企业统帅。

成功要经得起等待，就像那段黎明前的黑暗，看似寂寞难熬，但只要能坚持到底，便可收获日出时的光芒万丈。

经过等待和考验的过程是美丽的，"熬"是一种力量。我们都知道春小麦没有冬小麦那么黏稠、芬芳？为什么呢？就在于春小麦没有经过漫长的严冬，没有经过风雪的洗礼，植物尚且如此，何况人呢？

圣人古训："天将降大任于斯人也，必先苦其心志，劳其筋骨，饿其体肤，空乏其身，行拂乱其所为，所以动心忍性，增益其所不能。"从忍受煎熬到享受煎熬的过程，就完成了蜕变腾飞的华彩转身。

如此，我们可以看出，"熬"的过程的确是痛苦的，但它却是锻造意志力最直接的途径，打造成功最有效的方式。只有熬得住艰辛，才能挺得起人生。只有熬得住苦难的沉重，爆发时，才能撑得起未来的辉煌。

"熬"是一种力量，一旦爆发必定惊人，来看看石悦的故事就知道了。石悦——轰动网络的历史小说《明朝那些事儿》的作者，他凭着一种"熬"的韧性，二十年来潜心学习写作，终于让五湖四海的人们几乎在一夜之间就承认了他。

成名之前，石悦是一个再普通不过的人：出生在平凡人家，性格偏内向；上学以后成绩一直都是不好也不坏，没有任何特长，一直被老师、同学视为资质平庸、未来平平的男孩儿。

石悦唯一与众不同的，就是对历史的痴迷。还在上小学时，当别的男孩子整天拿着变形金刚、仿真手枪玩得不亦乐乎的时候，石悦却对汗青故事情有独钟。一套《上下五千年》是他童年、少年时形影相随的"好伙伴"。进入大学，许多同学谈恋爱，玩网游，而石悦仍然将自己的课余时间全都交给了史书。只要一有空，他就会一头扎进图书馆，如饥似渴地阅读着一本又一本厚厚的历史丛书。

大学毕业后，石悦考取了公务员，他从来不会像办公室的其他同事那样，一张报纸一杯茶地消磨着漫长的时光，他依旧躲进史书中与各朝各代的汗青人物交友为伴。石悦成了众人眼中的另类，甚至被大家认为有点孤僻。

在日常生活中，他不抽烟不喝酒、不打麻将不泡吧，也不爱交朋友，一点都不像"80后"的年轻人。下班后，基本上没有任何休闲活动与社交应酬，常常将自己关在狭小的房间里，独自沉浸在那些刀光剑影、富贵浮云的汗青往事中，或者奋笔疾书地记录着一些有趣的汗青故事。

直至有一天，一个题目叫《明朝那些事儿》的汗青小说帖，在天涯论坛、新浪网站风起云涌，深受网友追捧，每月的阅读点击率超过百万。当很多出版商赶赴石悦的单位争相要和他签订出版合约时，大家方才发觉这个平时毫不起眼、有点木讷内向的青年就是目前网络中鼎鼎大名的当红笔者"当年明月"。

后来，有媒体记者们向石悦讨取成功的经验时，石悦不无感慨地回答道："是这样的，比我有才华的人，没有我努力；比我努力的人，没有我有才华；既比我有才华、又比我努力的人，没有我能熬！"

　　这话回答得何等恰切！石悦的成功确实是"熬"出来的，从上学到参加工作，他二十年如一日、默默无闻地从事着喜欢的创作工作。他经历了漫长的等待和煎熬，于是《明朝那些事儿》的成功就成了一种必然。

　　在快节奏、极浮躁的时代，总是站在起跑线上的你，可以做春小麦，在春风细雨中，早早抽穗，早早结果；也可以尝试做冬小麦，经历严冬风雪，慢慢成熟，细细磨炼，孕育出更饱满更芬芳的麦粒。很多时候，你和成功之间，其实就差了一段需要"熬"的路程，熬过了这段艰辛，便能挺起腰板，笑傲人生。

既然认准一条道路，何必去打听要走多久

在充满压力的现今社会里，有太多的人喜欢抄近路，当一条路突然感觉走不通的时候，就会立即换另外一条路，当发现又走得不是很顺的时候，又要换另外的一条路。就这样，换来换去，始终未能做好一件事，还白白地浪费了自己一生的时间。

其实，成功是个慢动作，半途而废往往难取"真经"，只有坚持才能成功。那些成功者之所以能够取得成功，关键就在于他们懂得坚持！正如法国巴斯德所说："告诉你使我达到目标的奥秘吧，我唯一的力量就是坚持精神。"

成功注定是一条坎坷之路，每当一个问题出现的时候，每当一个挑战到来的时候，我们都应该坚持住，量变导致质变，没有人会知道下一秒将发生什么，但如果有了坚持的勇气，只要这一秒不放手，坚持下去，下一秒就有可能出现质变的奇迹。

1842年3月，爱默生在百老汇的社会图书馆里做了一次演讲，激励了当时年轻的诗人惠特曼："谁说我们美国没有自己的诗篇呢？我们的诗人文豪就在这儿呢！……"

就这样，爱默生一番振奋人心的话，令惠特曼很激动，使他内心升腾着非常坚定的信念，他要到不同的领域、不同的阶层去体验生活，从而创造出新的不凡的诗篇。

后来在1854年，惠特曼的《草叶集》终于问世了，该诗集的基调是热情奔放，他采取新颖的形式，将民主思想和对种族、民族和社会

压迫的强烈抗议深刻地表达了出来，在那时，甚至还影响了美国和欧洲诗歌的发展。

爱默生在看到《草叶集》出版以后，也是激动不已，称这些诗是"属于美国的诗""是奇妙的""有着无法形容的魔力""有可怕的眼睛和水牛的精神"。并且，还高度评价了惠特曼。

但是，《草叶集》却不容易被大众所接受，虽然该诗集的写法是新颖的，思想内容也是新颖的，但格式不押韵。然而，由于爱默生的支持，惠特曼自己的信心和勇气也因此增加了许多。到了1855年末，他印起了第二版，并且，还将20首新诗也补充了进去。

在1860年，惠特曼决定印行《草叶集》的第三版，就在他决定将新作补充进去的时候，爱默生竭力劝阻他将其中几首刻画"性"的诗歌取消，如若不然，此书将不会畅销。但是，惠特曼却对此并不在乎，说道："那么，删后还会是这么好的书么？"爱默生立即反驳他说："我没说'还'是本好书，我说删了就是本好书！"

然而，惠特曼始终不肯做出让步，他坚定地说道："我想，我的意念是不服从任何的束缚，而是要坚定地走自己的路。我是不会删改《草叶集》的，那么，就任由它自己枯萎或繁荣吧！"

不久后，惠特曼印行的第三版《草叶集》也非常畅销，并由此获得了很大成功。很快，这本诗集传遍了世界各地。

这正如爱默生后来说的一句话："偏见常常扼杀很有希望的幼苗。看来，只要看准了，就要充满自信，敢于坚持走自己的路。"

是啊，如果惠特曼当初没有坚持自己的观点，也许第三版的《草叶集》就不会获得成功。总之，现代社会中的我们，一定也要有惠特曼那种坚定的信念，相信自己，只要看准了脚下的路，就一定要坚定地走下去，不要回头，不要退缩。

其实，选择一条路并不难，难就难在，我们总会在开始放弃，或者在中途放弃。总之，一直坚持走自己的路不是一件容易的事情，这需要我们有毅力，需要我们有勇气，需要我们去坚持，如果我们离成功的终点已经近在咫尺，但却因一时的软弱而放弃了，那也说明我们最终是失败的。所以，只要认定了某一条路，就不要因任何事情停下自己的脚步，而是要能够一步一步坚持走下去。

也许有人不知道，美国著名电台广播员莎莉·拉菲尔在她三十年职业生涯中，曾经被辞退的次数竟然高达十八次，但是，她每次都放眼最高处，将自己的目标变得更远大，仍然坚持走自己选择的路。

在最开始的时候，美国大部分的无线电台总觉得女性无法很好地吸引听众，所以，没有一家电台肯给她这个机会。后来，她好不容易在纽约的一家电台谋求到了一份差事，但是很快就被辞退了，原因很简单，说她跟不上时代。

而此时的莎莉，并没有因为这些厄运而丧失信心，每次失败以后，她都会总结一下从中得来的教训，后来，她又向国家广播公司电台推销她的清谈节目构想。电台勉强答应了雇用她，但是，却只允许她主持政治类节目。"我对政治所知不多，恐怕很难成功。"她也一度犹豫，然而，最终她决定尝试一下。

其实，此时的她对广播早已经是轻车熟路了，所以，她凭借自己的优势和平易近人的作风获得了大众的认可，她还专门请听众通过电话的形式来畅谈各自的感受。后来，听众们立即对这个节目产生了兴趣，她也因此而成名。

现在的莎莉·拉菲尔已经成为自办电视节目的主持人，还曾经两度获得重要的主持人奖项。她曾不无感慨地说道："我曾经被人辞退过十八次，原本我是会被这些厄运吓退的，做不成我想做的事情，但是，正好相反，我将它们当成了用来督促我前进的鞭策力。"

可以说，莎莉·拉菲尔是一个始终都相信自己，坚持走自己的路的人，她并没有因为之前被辞退过十八次的经历而对自己产生怀疑，反而，她的勇气和信心因此都被激发了出来，后来，在经历过多次的失败以后，她获得了机会，并且把握住了机会，最终成为了著名的节目主持人。

你可能常常怨恨自己技不如人、一事无成，但你想过其中的原因吗？静下心来，回顾一下自己的人生历程，问问自己你坚持了吗？换句话说，你是不是存在这样的缺点：没有坚持做某件事情，时常半途而废？

很多时候，人们总是在距离成功仅有一步之遥时便转身离开，就此与成功失之交臂。在成功这条路上，有时候我们比拼的，不是能力的强弱，也不是运气的好坏，而是谁更有熬下去的耐性和坚持。若你总是急于求成，缺少一股"坚持走自己的路"的执着，那么你是永远都无法扣响成功的大门的。

有时，识时务是一件好事，能够让我们摒弃固执的陈旧观念，学会顺应时势，但有时，识时务却也是一种阻碍，让我们容易失去自己的坚持和判断，轻轻松松就放弃自己曾坚持的理想和方向。而那些始终坚持相信自己、坚定不移地走自己的路的人，最终往往能在坚持不懈中走出一条属于自己的成功之路，为自己的人生迎来漂亮的彩虹。

走自己的路，管别人说什么！既然这是一条你已经认定的路，又何必去打听要走多久呢？只要遵循本心，一直走下去，终能抵达渴望的终点。当然，在坚定地走自己路的同时，我们一定要相信自己。还要耐得住打击，耐得住寂寞，不管遇到什么样的困境，都要坚持住，不放弃。总之，要想使自己的人生绚烂，就必须有坚持不懈的韧劲和决心，除此之外，还要相信自己一定是没错的，坚定地走自己的路，将会成就人生的另一番好境界。

真正的失败不是行动上的失误，而是心灵上的放弃

人生最容易做的是坚持，最难做到的也是坚持。而在通往成功的道路上，坚持却是一个必要条件，缺乏坚持的人，不管多么聪慧，多么优秀，都无法抵达成功的彼岸，因为有时候，我们所面临的考题只有唯一的标准答案，那就是坚持。

当我们身处茫茫大漠时，只有坚持，才能走出沙漠，找到生命的绿洲；当我们的生活遭遇挫折和失败的时候，只有坚持，才能等到幸运天使的青睐。成功与失败，黑暗与光明，考验你的是否能够按照自己的想法一直坚持走下去。

没有哪一次成功是轻松的，也没有哪一次的获得是一劳永逸的。我们需要坚持走好自己的道路，锲而不舍，如此，成功则离我们不再遥远。实际上，很多时候，坚持下去并不只是一种行为，更是一种心灵的力量。当我们告诉自己"我可以坚持下去"的时候，我们的内心就会被一种乐观积极的情绪填满，那些消极的情绪就会被驱除出去。当我们的内心变得足够强大的时候，自然就可以跨过生活中的低谷，战胜人生中的挫折。

很多时候，行动上的失败，并不是真的失败，内心上的放弃，才是真的失败。不管做什么事情，如果缺少了坚持这一种品质，那么你的结局就只能剩下失败。

一艘轮船遇难了，在船快要沉下去的瞬间，有个人抱了根木头跳入海里，就这样幸运地存活了下来。在海上漂流了大约两天的时

间，被波浪给推到了一个小岛上。虽然小岛上没有人居住，但他还是没有放弃被救的信心。于是他走遍整个小岛，把所有能吃的东西都搜集起来，然后放进了一个小棚子里储藏着，这些食物也就能勉强维持一个月的时间。因此，他要在食物吃光之前获救，否则他就会被饿死。

他每天都爬上山顶向海上张望，希望可以看见远方的船只。船没有看见，可他看见了一股股的浓烟，再仔细一看，是自己小棚子的那个方向！

于是他急忙跑了回去，原来是雷电点燃了木房，大火熊熊地燃起来，他多么希望雨能下得大一些啊，因为在木棚里有他所有的食物啊！可是，雨并不大，不足以灭火。当木棚子化为灰烬时，大雨才落下来，但一切都晚了。

没有了食物，他绝望了，心想这一定是天意，于是就心灰意冷地在一棵树上结束了自己的生命，就在他停止呼吸后不久，一艘船开了过来，船上的人们来到岛上，船长看到灰烬和吊在树上的尸体，明白了一切，他对船员们说："这个上吊的人没有想到失火后冒出的浓烟会把我们的船引到这里，其实，只要他再坚持一会儿就会获救的。"

很多时候，成功和失败往往只有一步之遥，那些失败者在与成功擦肩而过时，不是因为他们遇到了天大的困难，而是他们没有坚持走下去。就好像那些赛跑没有到达终点的人，不仅仅是因为体力不支，更主要的是他们心中已经告诉自己"我坚持不下去了"，放弃了最后的坚持。所以他们停下了脚步，所以留在了距离终点线不远的地方。

古人讲："骐骥一跃，不能十步；驽马十驾，功在不舍。"可见，任何事情的成功都不是一蹴而就的，关键在于你是否能够坚持下去。未来永远充满了不确定性，因为没有人会知道下一秒将发生什么，在人生的道路上，只要这一秒不放手，坚持下去，下一秒就有可能出现奇迹。

有一个旅行者独自在大漠中穿行着，不巧沙尘暴突然来袭，风沙卷走了他那装有干粮和水的背包。这个人虽然有些沮丧，但没有就此放弃。

"哦，我还有一个苹果！"他惊喜地喊道，原来在他上衣的口袋里还有一个苹果。于是，他就攥着这个苹果，坚强地走在沙漠里。整整一个昼夜过去了，他仍未走出空旷的大漠，饥饿、干渴、疲惫一起涌上心头，望着茫茫无际的沙海，有好几次他都觉得自己快要支撑不住了。可是看一眼手里的苹果，他抿抿干裂的嘴唇，陡然间又增添了些许力量。

顶着炎炎烈日，他又继续艰难地跋涉。已经数不清摔了多少跟头，只是每一次他都挣扎着爬起来，踉跄着一点点地往前挪，他心中不停地默念着："我还有一只苹果，我还有一只苹果……"

3天以后，他终于走出了大漠，而那个苹果仍紧紧地握在他的手里，看上去像一个宝贝。

在生命的旅途中，我们常常会遭遇各种挫折和失败，就像行走在茫茫无际的荒漠中。这时候，不要轻易地说自己什么都没了。其实只要心头有一个坚定的信念，努力地去找，总会找到能够帮助自己渡过难关的那一只"苹果"。握紧它，就没有穿不过的风雨、涉不过的险途。

人可以打败自己，但是也可以成全自己。考验你的，就是看你能不能坚持把想好的走下去。如果你在遇到绝境的时候，在精疲力尽的时候，对自己说："我还能坚持一下。"那么接下来的过程中，你真的就会有继续走下去的力量。

　　虽然我们会遇到失败和挫折，可是如果有了这份坚持的勇气，那么至少还会有成功的可能；如果我们选择了放弃，那么就注定了失败。当我们对自己说："我还是放弃吧，别人都没有成功，我怎么会成功呢？"那么，我们真的会起不来了，最终剩下的只有失败这个结局。因为只要你有1%放弃的念头，即便最初有99%坚持的欲望，那么这放弃的念头也会逐渐侵蚀你的心灵，让你很难成功。

　　坚持，是每个人通向成功的必经之路，我们只有按照自己想好的坚持下去，紧盯着自己的目标，不轻易放弃，才能得到自己想要的，才能实现自己的人生梦想。人生的道路是很漫长的，谁都会遇到坑洼不平的时候，我们坚持，是因为我们坚信走过了坑洼不平，就可以迎来平坦的大路。

　　人们常说："自己选择的道路，即使跪着也要走完。因为人生一旦开始了，便不会轻易终止。"是啊，我们想要做好一件事情，就必须做好坚持下去的准备，虽然在这个过程中总是无法避免遇到很多困难和挫折，但是谁的人生不是如此呢？坚持下去吧，相信成功和光明就在不远处！

把"如果"改成"下一次"，你会更接近成功

如果可以，我希望回到童年那无忧无虑的时光；

如果可以，我一定好好学习所有的东西，打造一个完美的自己；

如果可以，我一定珍惜曾拥有的一切，不会失去后才知道它的美好；

如果可以，我一定选择一个新的起跑点，开始一段新的人生；

如果可以……

生活中，我们不时能听到人们这样或那样的抱怨和感叹：如果可以……那该有多好！然而，我们不得不承认这样一个事实：人生是一次不能抗拒的前行，根本没有如果，也没有假如，有的只是继续。

更何况，哪怕真的有"如果"，哪怕我们的生命真的可以重头来过，我们的人生真的可以重新开始，哪怕我们真的还有机会回到当初人生的十字路口，去选择另外一条岔路，也并不意味着我们的生活真的就能更成功、更精彩。事实上，这种"如果"所带给我们的，或许会是更深重的懊悔与灾难。

《蝴蝶效应》是一部著名的美国电影，这部电影有着最精妙的构思——男主角埃文具有穿梭时空的能力，这为他提供了可以反悔的机会，他决定要用这项能力，回到过去修正已经发生过的事实。

然而，埃文一次次跨越时空的更改，只能越来越招致现实世界的不可救药。一切就像蝴蝶效应般，牵一发而动全身，出现了防不胜防的意外。他挽救了心爱女友凯丽的生命，但却失手打死了凯丽的弟弟

汤米，导致了自己的监狱之灾；他回到了爆炸的那天，将靠近信箱的母子扑倒，自己却变成了失去双臂的残疾人，母亲因此染上了烟瘾，得了肺癌；而凯丽则成了别人的女友……

当然，这种虚构的情节仅仅只能停留在幻想里而已，或者停留在电影里。而这部电影要告诉我们的是，如果真的有"如果"，我们可以重新选择人生，一切，也许并不如同我们所想象的那样美好。因为人生不可能停留，主客观情势都在不断地变化，此时已不是彼时，此人也非彼人。

开弓没有回头箭，人生是不可拒绝的善变，它的许多过程不是刻意寻找，也寻找不来。或不能把另一个自己从虚拟的"如果"中抽出来，哀伤遗憾，或留恋沉迷，除了劳心费神、分散精力之外，还有可能遭遇更大的不幸。

有一位妇人，她在上街的时候，不小心掉了一把雨伞，就因为这一件小事情，她一路上都十分懊恼，还不停地责怪自己："我怎么如此不小心，如果我多留点心的话，如果我当初不拿雨伞的话，或许雨伞就不会丢了"……

等回到家之后，这位妇人才发现，由于太专注自己已经丢失的那把雨伞，在仓促与不安中，居然又一不小心把自己的钱包也弄丢了，她后悔地说："如果我那会儿不那么关注雨伞的话，我……"

读过禅学的人都知道，"境"是由"心"而生，并且由"心"而灭的，但我们绝大多数人"境"灭而"心"不灭，境况大为不同时，心中却还在念念不忘，因此有了刻舟求剑、守株待兔的可笑故事。

人生最大的障碍其实就是"如果"！去掉"如果"，改说"下一次"，下一次我一定要如何如何……下一次我一定会做好的……这样才能阻止"如果"的事件继续重演下去，而这也将成为构成你成功要素的关键。

怀揣着一份创业的梦想，许琪靠着几年工作一分一厘攒下来的积蓄，又从朋友那里筹借了点钱，开办了一家广告工作室。许琪原本以为自己在公司做到了创意总监的位置，策划、制作广告的能力很棒，自己开办公司应该不成问题，可谁知业务并不好做。

许琪不停地去跑业务，但由于欠缺销售知识，半年来没有拉来一次业务，用钱的地方又非常多，结果将所有的存折和现金加起来也不足五千了，最后他只得把工作室关闭了，又重新找了一份广告类工作，从基层做起。

这时候，朋友们都替许琪惋惜："如果当初你在原来的公司踏踏实实地工作，老老实实地做你的创意总监多好啊！哪会落到现在这个地步""现在后悔了吧，如果再回到过去，你是不是就不会做出开办公司这种糊涂的决定呢"……谁知，许琪不以为然，他说道："人生没有如果，我不后悔当初的决定，后悔也没有用，我只是知道了下一次要是再开办公司的话，我一定要提前学习一下业务知识。"

两年后，许琪再一次辞掉稳定的工作，开办了自己的工作室。已经熟悉业务工作的他，做起业务工作来毫不含糊，经过两年的艰苦奋斗，如今这个小小的工作室已经摇身一变成为了"许琪广告公司"，注册资金100万元。

每当有亲朋好友问到许琪这几年的创业经历时，他总是淡淡一笑，意味深长地感慨道："生命的价值是要靠自己去改变的，当你做出选择的时候，你就要承担起对它的责任，因为生命只相信你自己，而不是'如果'。"

西楚霸王项羽，一夕之间四面楚歌、国破家亡、自刎乌江，恍如命运和他开了个玩笑，如果回到从前，鸿门宴上他肯定不会再对刘邦心软，或许历史也将从此被改写。然而，"花有重开日，人无再少年"，谁都知道这是不可能的事。

　　人生没有如果，机会只有一次，错过了就是错过了，在它的词典里没有once again，它不会给任何人开小灶！只有认识到这一点，我们才愿意让自己由"如果"的虚幻走向真实，才有勇气"相信我能"，进而迎来人生中的佳境。

　　所以，在我们的生命里，"如果"这个问题是不存在的，人生不可假设，也不能重来，只有坦然面对和接受，把"如果"去掉改成"下一次"，下一次我一定要如何如何……"相信我能"，不要再让"如果"的事件继续重演下去，这才是坚强的，也是聪慧的。

所谓的运气，不过是厚积薄发所呈现的实力

没有一条路平整到毫无坑洼，但我们却不能因为坑洼而拒绝前行；没有一片土地平阔到没有低谷，但我们也不能因为低谷而放弃大河山川。相反，只有在坑洼中沉得住气，吸取教训，未来的路才能走得更加宽阔；只有在低谷中积蓄力量，有朝一日挺起腰板时的视野才能更加高远。

"不积跬步，无以至千里；不积小流，无以成江海"的古训早已被我们熟记于心。无独有偶，《塔木德》上有句名言，也揭示了"低层"的重要性："别想一下就造出大海，必须先由小河川开始。"

很多时候，我们需要扮得了猪，脚踏实地地做事，从低处做起，才能最终把老虎给吞下去。要知道，成功没有纯粹的好运，那些所谓的运气，不过是厚积薄发所呈现的实力罢了。

"扮猪吃虎"这个成语很多人都知道，讲的就是在强劲的对手或现实面前，我们要学会扮演百依百顺的猪，适当地"低就"，积弱图强，守弱保刚。一旦时机成熟，即一举如闪电般地击倒对方，实现"高成"的目的。

战国时期，孙膑和庞涓同拜一个师傅。孙膑是齐国人，少时孤苦，但是聪明过人，为人厚道，而魏国人庞涓天资、学业虽较好，但为人奸猾，善弄权术。经过师傅的精心调教，孙膑和庞涓兵法、韬略大有长进，但两人的差距也越来越明显了，庞涓心里很嫉妒孙膑的才能，可在嘴上从未流露过。

这时，传来了魏惠王招贤纳士的消息。庞涓下山应招，很快就得到了魏王的重用，被拜为军师，屡建军功。庞涓深知孙膑乃自己的大敌，欲除而快之，思谋良久，忽生一计，他大力向魏王推荐孙膑，魏王大喜，让庞涓写信请孙膑到魏国共事，并且派了使者带着书信和重金前去相聘。

得知庞涓的举荐，孙膑很是感动，欣然而来，想助庞涓成就大业。谁知，庞涓却又劝说魏王暂且不能对孙膑委以重任，而后又施一计，诬陷孙膑卖国通敌，结果孙膑双腿的膝盖骨被残忍地挖掉了，成了废人，被软禁在庞涓的府院。

得知自己遭庞涓暗算时，孙膑很是气愤，但他很清楚自己的处境，以自己如今的处境无法和庞涓正面对抗，所以他想出了装疯的计策，他经常一睁开眼便大哭大闹，突然扑倒在地，口吐白沫。为了让庞涓信以为真，他还跑到猪圈里和猪抢食。孙膑就这样忍辱负重，整日以猪圈为家，又胡言乱语，时间一长，人们都说他真疯了，就连庞涓也信以为真："看来是真疯了"，渐渐地放松了警惕。

终于有一天，齐国大将田忌出使到魏国，见到猪圈里的孙膑，非常同情他的遭遇，田忌知道他是难得的人才，于是秘密用车将孙膑运到齐国。孙膑大难不死，凭借自己的满腹才学和韬略成了齐国的军师，率领齐军在庞陵之战中打败了魏军，杀死了庞涓，终于报仇雪恨，成为一代军师。

在身陷魏国的日子里，孙膑不但受到了身体上的折磨，而且遭到手足兄弟的迫害，连最基本的生存都没有保障。他睡猪圈、吃猪食、整日的装疯卖傻，这样的磨炼不是一般人所能忍受的，但孙膑以莫大的意志力忍受住了，也正是因为忍辱负重，他保全了性命，日后才能报仇雪恨、建功立业。

　　由此可见，扮得了猪才能吃得到老虎，要想"高就"就必须在恰当的时候"低就"。"低就"不是不思进取和沉沦，更非懦弱和畏缩，而是在艰难困苦中积蓄力量，调整心态，磨炼意志，为成功打好基础。

　　不要因为生活中的各种困顿而迷失方向，适当的时候要扮演一下猪，以低姿态经受成功路上的种种考验。要相信，总有一天，你会在不知不觉中吃下"老虎"、实现"高成"，让未来之路走得更宽阔，更广远。

　　前些年，有这样一个真实的故事广为流传：

　　有这样一位青年，他在美国一所著名大学的计算机系留学深造。博士毕业后，他想在美国找一份理想的工作，可是，由于他的起点高、要求高，结果连续找了好几家大公司，都没有录用他。

　　思来想去，青年决定收起所有的学位证明，以一种低身份求职，他拿着自己的高中毕业证前去寻找工作，并声称自己只想在工作岗位上锻炼自己，学习学习，哪怕不给工资也愿意做。

　　不久，青年就被一家大企业聘为程序录入员。程序录入员是计算机系列中最基础的工作，对他来说简直就是小菜一碟，但他仍干得一丝不苟，看出程序中的一些错误，并适时地向老板提了出来。

　　老板发现青年人居然能看出程序中的错误，非一般的程序录入员可比，对青年人自然多了一份认可和欣赏，同时也很好奇。这时，青年人才亮出学士证，于是老板给他换了个与大学毕业生对口的工作。

　　又过了一段时间，老板发觉在这个工作岗位上，青年人还是比别人做得都优秀，他更加好奇了，于是就约青年人详谈。此时，青年人才拿出了自己的博士毕业证，而且是美国一所著名大学的博士毕业证。

　　老板对青年人的水平已经有了全面的认识，又佩服他能够踏踏实实地做好每一项工作，没有一点因自己受了委屈的抱怨，便破例提拔他担任公司的技术主管。青年人在公司得到了"一席之地"，而且还获得了心仪的"好职位"。

　　这位青年人之所以取得了成功，在于他可以最大程度地"低就"，踏踏实实地行动，从基层干起。同时，他也由此获得了一个锻炼自己的工作平台，既可以从中获得经验与资历，又可以借此展现自己的能力和才华，新的机会和新的岗位自然就向他走来。

　　机会总是转瞬即逝的，能不能抓住，靠的不是运气，而是实力。没有长久的积累，没有深厚的积淀，哪怕机会就摆在你的面前，你也没有能力将它据为己有。那些取得了较大成就的人，并不是因为一开始便居于高位，也不是他们有一步登天的本领，而是他们始终相信自己，在不被重用与重视的时候，能够坦然自若地低就，不断地完善自我，把这段低迷的过程变成厚积薄发的前奏，如此一来，"高成"自然指日可待。

你不是没头脑，只是懒得去思考

在这个世界上，大部分人的智商差别其实并不大，运气好坏的差距也没有那么大，可偏偏有的人麻烦不断，而有的人却能获得生活的幸福，事业的成功，人生的欢愉。这归根结底还是在于我们的内心——这个世界上本没有解决不了的事，往往困住我们的不是外界的环境，而是我们自己。

生命越缺乏变动，就越容易困于固有思维和习惯的牢笼，如果不能积极思考，找到打破现有生活的突破口，那么你永远也无法挣脱命运的桎梏，想要改变自己的世界，你得先改变自己，改变自己的思考方式，改变自己一成不变的行为习惯。你得去琢磨，得去想，开动你的大脑，善用你的智慧。很多时候，你之所以找不到办法，不是因为你真的没头脑，而是你懒得去思考、去动脑。

有个穷人，穷得惨不忍睹，每天都食不果腹，衣不蔽体，他在上帝面前哭诉，说命运待自己有多么的不公平：流血流汗卖力气，任劳任怨没脾气，辛辛苦苦整十年，没能攒下一分钱。

哭了一阵之后，这个穷人突然开始大声抱怨道："上帝啊！你太不公平了，有的人看起来毫不费力就能华衣彩服、大鱼大肉，而我这般勤劳节俭却总是缺衣少食！"

听到这话，上帝却笑了，问他说："那要怎样你才觉得公平？"

穷人急忙说："如果有人和我在同等条件下，一起开始工作，他还能比我富有，我就无话可说了。"

上帝点了点头："我给你这个机会！"

话音一落，上帝让一位富人破了产，现在，他和这个穷人一样落魄。上帝分给他们一样大的两座煤山，挖出的煤归他们所有，以一个月时间为限，让他们自主改变生活。

两个人一起动手开挖。穷人做惯了体力活，挖煤对他来说就是张飞吃豆芽——小菜一碟，没多大功夫，他就装满一车煤，拉到集市上卖了钱，然后拿着这些钱买来新衣美味，好好享受着有钱的滋味。

富人之前从没干过重活，挖一阵歇一阵，还累得想吐，直到日头下山才挖了一车煤，他用卖煤的钱买了两个馒头，其余的丝毫未动。

第二天，天蒙蒙亮穷人就来到了煤山，甩开膀子大干起来。而富人直到日上三竿才信步走来。原来，他一早就去了集市，雇回两个健壮大汉，这两个大汉一到煤山就挥舞锹镐，下足力气帮富人挖煤，而富人只是坐在一旁的矸石上认真监督着。一天下来，富人运出了7车煤，抛出雇人的工钱，还比穷人多赚了好多。

翌日，富人如法炮制，又去雇了几个劳工。事情就这样继续着，一个月以后，穷人刚刚挖开煤山一角，富人则早已挖空了整座煤山，他把赚来的钱拿去投资，不久又成了富翁。

从此以后，穷人再也不好意思抱怨了。

从体力上来说，富人显然远远不如穷人；而从脑力上来说，富人致富的办法其实也没有多么高明，也并不是只有他才能做到。那么穷人为什么就想不到这个致富的办法呢？是真的想不到，还是他根本不曾去想呢？答案其实很明确了。在拥有上帝赐给的煤山之后，穷人很开心、很满足，因为靠着自己的劳动就能买到美食，买到新衣。于是，他每天都高高兴兴、按部就班地付出自己的劳动力。在这个过程中，他没有思索过，如何能从中获得更大利益，也没有思索过，如何才能彻底改变贫穷的现状，这才是他真正贫穷的根源——他从来不曾为自己的人生动过脑子，琢磨过主意。

喜欢看恐怖片的人都知道，经典恐怖片中角色的配置通常是这样的：

一个遇到危险便手足无措、大呼小叫、濒临崩溃的角色；一个冲动无脑、容易恼羞成怒的角色；一个阴险狡诈、在危急关头为了自己而坑害队友的角色；还有一个平时不太起眼，但在危险面前却能不放弃，并且常常有机智的角色。而最后的这个角色通常就是主角。

按照最常见的套路，在影片中一般能活到最后的主角，往往不会是团队中最出色的，但绝对是在危急关头最冷静、最勇敢、也最善于思考的人。而这也正是他们可以屡屡在危难关头实现绝地反击的关键。可见，很多时候，在面临绝境时，并非没有解决的办法，而是很多人都提前绝望，封闭了自己的智慧。

有这样一个神话故事：

某地发生了一场瘟疫，夺去了很多人的性命，这下可把死神给累坏了，正在他老人家待在路边休息时，一个年轻小伙子走过来安慰他。死神见年轻人善良老实，就将他收为徒弟。死神把一种能够起死回生的点穴手法教给了年轻小伙子，只要在病人身上的相关穴道点几下，那么这个人的病就会治好。

不过，死神嘱咐小伙子说："你可以用这个手艺去行医，但是你要记住，在治疗垂死的病人时，如果你见我站在病人的脚边，你可以治好他的病，但如果你见我站在病人的头那一边，说明他气数已尽，你也就不用治了。如果违背了这一原则，你将会受到死亡的惩罚。"

年轻人遵照死神的嘱托，为很多人免去了病痛之苦，成了一名远近闻名的大夫。

一次王宫里的公主生病了，太医们束手无策，国王便颁布了一条命令：谁能把公主的病治好就把公主许配给他。

年轻人听到了这个消息，就自告奋勇来到皇宫，请求皇帝让他为公主治病。皇帝同意后，年轻人就走进了公主的房间，他一见公主貌美如花，一时间便倾了心。可偏偏公主的头旁站着死神。

这个小伙子实在喜欢公主，一心想把公主救活。但是他想到那条"戒律"，便又产生几许无奈。不过很快，这个小伙子就想出了办法，他请求国王把公主的床换一个方向，并告诉国王，这样他就能把公主治好。

听到这句话，国王就像遇到了救星一样，命人赶紧把公主的床换了个方向。这样一来，死神变成了站在公主的床尾。而年轻人果然很快治好了公主的病，死神对他的做法也着实无可奈何。

公主病好之后，小伙子和她结成了夫妻，过上了美好的生活。

这虽然是一个神话故事，但是年轻人的做法的确值得我们深思。在死神的"铁律"面前，一切看似已经无法挽回，如果年轻人因此而绝望、认命、接受现实，那么最终肯定是不可能与美丽的公主在一起的。幸好，他没有绝望，也没有放弃，而最后令人感到意外的是，原来打破死神的"铁律"，其实是一件如此简单的事情而已，只要动动脑子，每个人都能做到。

可见，人与人最大的差别往往不在于智商的高低或身体的强弱，而是在于面对困难时，是否有足够坚定的力量，不放弃、不妥协、不绝望。成功与失败，富贵与贫穷，往往不过只是一念之差。很多"聪明"的主意其实并不需要多么天才的大脑就能想出来，重要的是，你究竟愿不愿意去思考、去琢磨。

有时，你以为前方是绝望，但却不知还有种可能叫作"绝处逢生"，而这"生"的机会，往往就藏在你的智慧里。请记住，只要你没有什么先天的、无法弥补的缺陷，你就绝对不是"没脑子"，你只是懒得去思考罢了。

成功不是做了多少事，而是做成多少事

所谓成功，不是看你一辈子做了多少事，而是看你做成了多少事。比如有的人，做了一辈子的事儿，却没有一件能让人记住的，这样的人称不上成功；而有的人呢，一辈子可能只做了一件事儿，但这一件事就让人记住了，那他肯定是成功的。所以说，实现成功、幸福的人生其实不是什么难事儿，最重要的就是你要能够收住心，能够专注做事情，哪怕一辈子只做一件事，做到了极致，那便也是最辉煌的成功。

然而，在追求人生目标的道路上，很多人都无法做到这一点，他们总是三心二意，想着很多的事情，干这个事的时候又想着别的事。结果不仅手上的事情没做好，别的事情也被耽误了，如此只会事倍功半，得不偿失，无故将成功拒之门外。

从前，有一位射箭高手，他百发百中、箭无虚发。为此，想拜他为师的人数不胜数，为了想看拜自己为师的那些人有没有射箭的天赋，高手便把箭靶挂在树上，然后对想拜他为师的人说道："你们看到了什么？"

有的人说："我看到了树木、树枝和树上的小鸟。"

有的人说："我看到了天空和上升的太阳。"

突然有一个人说："我什么都没看到，我只看见箭靶。"

这个人刚说完，这位高手便决定收他为徒，对他说："孺子可教也，只要你保持这种状态，假以时日一定能成为射箭高手。"

谁知，射箭高手并没有直接教徒弟射箭，而是很严肃地对他说："要成为一名箭无虚发的射箭高手，就要坚持不懈地刻苦练习。你先回家吧！你要先学会不眨眼，做到了不眨眼后才可以谈得上学射箭。"

徒弟回到家里，仰面躺在妻子的织布机下面，两眼一眨不眨地直盯着他妻子织布时不停地踩动着的踏脚板。天天如此，月月如此，这样坚持练了两年，即使锥子的尖端刺到了眼眶边，他的双眼也一眨不眨。

于是，徒弟整理行装离别妻子，又回到射箭高手那里。谁知，射箭高手说："你还没有学到家哩！要学好射箭，你必须要练到看小的东西就像看到大的一样，等你练到了那种程度的时候，再来找我。"

徒弟又一次回到家里，他选了一根最细的牦牛毛，把毛的一端系在了一个小虱子上，另一端悬挂在自家的窗口上，整日双眼注视着吊在牦牛毛下的小虱子。三年过去了，徒弟觉得眼中的小虱子大得仿佛像车轮一样，于是他再次找到师父。

这一次，射箭高手递给徒弟一把箭，将那根系有虱子的牛毛挂到五米开外的大树上，叫徒弟射过去。徒弟目不转睛地瞄准虱子，虱子仿佛渐渐变大了，他将箭射过去，箭头恰好从虱子的心脏穿过。

射箭高手高兴地拍拍手，对徒弟说："射箭的奥妙，你已经掌握了！你已经成功了！"

做事其实就像射箭一样，你得专注地盯住一个目标，全心全意地投入，将注意力集中在箭靶上，这样才能一击命中。如果总是想着"广泛撒网"，什么都想去瞄准，那么最终你只能什么都瞄不准，什么都射不到。

我们做事情也是这样的，无论处在什么职位，从事怎样的工作，只要能专注地投入，不断地深入与积累，那么总有一天会造就出令人惊叹的成就，赢得更多的掌声，收获更多的成功和幸福。但如果总是得陇望蜀、三心二意，那么不管你做了多少事，投入了多少功夫，最后恐怕都是白费。

无论做什么事情，我们都要全身心地投入、感受，即使有再多的诱惑也不能分散精力。只有这样，我们才能尽情地享受投入的乐趣，才能实现目标，也才能体会到幸福的滋味。这如同欣赏风景，当我们欣赏一处风景时，不要着急去寻找下一处，而是要用心体会此情此景。这个时刻，我们眼里除了美景外，任何东西都不复存在，我们也将更容易享受到美景所带来的喜悦和幸福。

总之，对于生命中的每一刻，我们都要做到专注地投入。只要做什么事情都投入全心，那就没有什么事情能够扰乱我们的心神。一直保持专注的状态，幸福自然就会降临到我们身边。要知道，所谓成功，看的不是我们做了多少事，而是我们做成了多少事。哪怕一辈子只做了一件事，做到极致、做到完美，那都是最辉煌的成功，最伟大的荣耀！

日出终会来临，但你是否能一直守到拂晓

每个人都想窥探成功的秘诀，因此不断追问那些成功的人，到底如何才能获得成功。而所有的成功者们，几乎都不约而同地告诉世人："成功是没有什么秘诀的，不过就是坚持再坚持，努力再努力。"是呀！成功没有捷径可走，选定了目标就要风雨兼程，不论做什么事，勤奋和努力都是必须和必要的条件。

很多人都曾有过看日出的经历，海边或者山顶是人们最常选择观看日出的地方。想要赶上看日出，通常天不亮就得出发，在寒风中等着第一道光出现。如果等天蒙蒙亮再起来，看到的就不是完整的日出过程了。再者，天有不测风云，有时哪怕你整夜守候，也未必能如愿观赏到美丽的日出。

但只要想看日出，那么你就得自己挨过茫茫黑夜，不仅要能忍受风霜雨露，还要能忍受挨过苦难之后或许依然徒劳无功的可能。成功也是如此，你必须先拼搏、先付出，才有机会触摸到它的门槛，但可悲的是，即便你有了触摸它门槛的机会，也未必就一定能迈入其中。可若是你不去努力，不去坚持，哪怕连一丝丝的可能和机会都没有。

有个瘦弱的小女孩，从小就喜欢足球，她的梦想是进入国家队。但女孩长得实在太瘦小了，参加市里球队的考核时，各项成绩都不如意，根本连市里的球队都没有机会进入。

虽然身体素质不行，但女孩并不想放弃自己的梦想，她每天跑去球场，在教练身边求教练给自己一个机会。教练起初不同意，后来看

她太执着，只好让她做一个替补队员。

女孩任劳任怨地做着替补队员，每天不但主动帮着打扫球场，还帮球员们做饭、洗衣服等。球员们在场上练习的时候，她就在场下一个人练球。等到球员们去休息了，她依然还在球场上不停地练习，教练看着她小小的身影，对她的印象越来越深刻。

一次比赛，主力球员受伤，教练决定给女孩一个机会，于是派她出场。令所有人意外的是，女孩在比分落后的情况下踢进两个球，让球队反败为胜。从此以后，女孩终于进入了正选阵容，她在几年中磨砺的实力，终于得到了人们的认可。

想要成为一名优秀的运动员，三分靠天赋，七分靠努力。那三分的天赋女孩显然是没有的，但为了靠近梦想，为了观看人生中那场美丽的日出，女孩靠着永不放弃的执着，坚持度过了日出前长久的黑暗。

其实人生的成败，三分天注定，七分靠打拼。就如看日出，哪怕你准备得万无一失，早早就守在拂晓之前，若老天爷不给你那三分的面子，来一场阴雨，这场日出便也只能无疾而终：有的人被雨水浇灭了热情，从此或许就再也不想看这场日出了；有的人呢，则偏偏和老天爷较上了劲，今天看不成，明天准备继续看，总不信你能天天浇冷雨。

而最终呢，能真正看到日出的，当然是那个能坚持到天晴的人了。所以说，想要完成一件事，除了决心和能力，耐心同样必不可少，如果不能坚持到底，再小的目标也难以达成，更别提理想这种人生大目标。

有这样一个故事：

在一个小山村里有一户善良的人家，寡居的母亲带着两个儿子辛苦度日，儿子们长大后都成了勤劳的农夫，娶到了贤惠的妻子，但劳累一辈子的母亲却病倒了。

两个儿子深感痛苦，他们每天努力种田，把所有钱都用来给母亲买药，可是母亲的病还是不见起色，两个儿子日夜祈祷，他们的诚心终于感动了山里的神仙，神仙偷偷告诉两个儿子一个救命的药方：只要收集东西南北四个村庄的小麦，再从一百户人家要来各种豆子，把这些碾碎加水放入坛子，等到大年初一那一天，下雪的时候把坛子打开，让母亲喝了里边的东西，病就能痊愈。

两个儿子遵从神仙告知的办法各自准备了材料，在一个大坛子里密封好，可是下一年的初一并没有下雪，老二认为应该立刻打开坛子给母亲喝药，老大却说既然是神仙的方子，就一定要按照神仙的要求，今年不行等明年。结果，老二耐不住性子，心想虽然没下雪，可是日子已经到了，于是急切地打开了那个坛子，却发现坛子里边只有馊水，根本就不能喝。

老大一直守住自己的坛子，等着下雪天，这一等就是一年。第二年初一一大早，老大推开门就看到了漫天飞舞的大雪。老大非常高兴，赶紧冲去打开了坛子，发现坛子里是一汪清亮的水，他小心翼翼地将水端给病重的母亲，母亲喝下后果然痊愈了，又活了很多年。

有时候，做事缺乏耐心，就如同制药少了一味重要的辅料，不仅会极大地影响药的效果，甚至可能让仙药变成馊水。人生中很多事情其实就像神仙给的这张药方一样，你以为万事俱备，却偏偏在最后关头欠了"东风"，就如同老二一样耐不住性子，不愿意等待。要么放手一搏，要么干脆放弃，得到结果却大不一样。

人生中很多的事情其实就跟看日出一样，你想要看到最美的日出，就必须在黑暗中启程，在寒风中等待，历经苦难的折磨之后，才可能迎接到光明。然而，有的时候，哪怕你守到拂晓，运气差了一些，也可能只等来一个乌云蔽日的阴天。但不管怎么样，只要能够坚持，总能看到最美的日出。

要记住没有人能够一步登天，成功者都在默默积蓄力量，和他们一样，在机会来临之前，你需要做的是精心准备和耐心等待，而日出，终究是会来临的。

PART 7 / 星辰和大海的人生，从来无惧无畏

　　人生最美的追求，莫过于星辰大海，只要怀抱梦想，便能无惧无畏。生活的轨迹从来不是预定的，只要你敢，人生便可以有无限种可能。若是为了梦想，哪怕拼尽全力又何妨，那些我们曾挥洒的汗水与泪水，那些我们曾付出的努力，都只是为了拒绝不喜欢的人生，为了能更有底气地主宰命运！

人如果没有梦想，和咸鱼有什么区别

在陌生的城市中打拼了几年，每天的生活就是麻木地工作、闲聊、发呆、看无聊的电视或沉迷于网络，对自己不懂的东西已经没有任何好奇心了，甚至连十分钟都静不下心来读一本书，生活似乎没有别的色彩了……

如果这个人就是你，那你该醒醒了，该找回自己的梦想了！不要小瞧梦想，它是我们内心对人生、对自己的一种渴望，我们的生活会因为梦想而改变，我们日后能够取得多大的成就也与梦想息息相关。就像那句经典的电影台词所说的：人如果没有梦想，和咸鱼有什么分别？

下面，我们来分享一个故事。

美国服装业巨子雷夫·罗伦，他所创立的Polo服饰王国，创下了快速致富的典范。罗伦从小就喜欢做梦，但是他从不做白日梦，他像一个爱美的女孩一样希望穿上显得自己英俊的衣服。

当别的孩子肆意玩耍时，罗伦会将更多的心思放到服装上，他细心研究父母、自己的衣服，衣服的质地、细纹、设计等，渐渐地，他拥有辨认皮夹克好坏、真伪的本领了。上中学时，罗伦辛辛苦苦攒钱，就是希望为自己买更多的衣服，不断地培养自己对服装的了解。

进入服装界的梦想一直在罗伦脑海中盘旋，尽管他缺乏专业素养，但凭借自己高超的鉴赏能力，毕业后获得一家领带制造公司的重用，得到了展示自己设计才华的机会，并获得了同行的赞誉。

后来，在朋友的提议下，罗伦和朋友合资建立了Polo Fashion公司。罗伦有了发挥才华的空间，他的设计很快就赢得了当时年轻市场的肯定，进而掀起一股流行狂潮，Polo衫也从此成了男装革命的先锋。

罗伦从小就有一个"能穿上显得自己英俊的衣服"的梦想，不过他没有止步于想想而已，而是相信自己能办到，并将更多的心思放到研究服装的质地、细纹、设计等上面。正是因为付诸了行动，他最终才能梦想成真，成就显著。

也许，你的梦想听起来并不够伟大和崇高，但只要你坚定了它是重要的东西，是你最渴望得到的，那么你就会变成积极的、充满阳光和斗志的，不畏挑战，不畏艰难，有了这股气势，成功自然就会向你靠拢。

比如，当你心里想着"我想让老板给我加薪升职"时，面对工作你就会变得更加积极主动，原本过去只是拜访一个客户，可现在你为了尽快实现自己的理想，会去拜访两三个客户。于是，老板会觉得你充满活力，积极向上，勤勤恳恳，有加薪升职的机会时他立刻就会想到你。

因此，无论你的生活多么烦琐，处境多么艰辛，把你的梦想当成对自己一生的"承诺"，严肃而认真地去面对它、实践它吧！用智慧和信念弥补现实与梦想的距离，你将获得成长的持久动力，成为胜利场上的绝对主角。

美国的玫琳凯女士，46岁时突然接到了降职通知，理由让她感觉很不舒服：因为她是女性。备受心理伤害的玫琳凯决定建立一家给所有女性提供平等机会、帮助更多女性实现自我价值、丰富女性人生的公司。

1963年9月3日，玫琳凯在这个梦想的支撑下，正式建立了玫琳凯化妆品公司。当时，公司的资金只有5 000美元，办公场地在一间46平方米的仓库，员工只是9名普通的家庭妇女。经过几年的不断发展，玫琳凯公司成了一家跨国的大型化妆品企业集团，拥有全美最畅销的护肤品和彩妆品牌，如今它拥有130万名美容顾问，分公司遍布在36个国家和地区，年营业额达25亿美元。

全球上百万的女性，因为玫琳凯的化妆品而变得美丽，更因为它而获得了发展事业的机会。与此同时，玫琳凯女士也被美国电视网站评为20世纪妇女精英。这一切的发生，都始于玫琳凯女士的一个念头，一个简单的梦想。

没有地位、没有专业背景的玫琳凯，是凭借幸运才获得了发展事业的机会，成为最具影响力的化妆界女强人的吗？答案是否定的。梦想，是梦想给了玫琳凯坚定的信念，带领她飞跃平淡和困苦，到达成功的彼岸。

每个人都应该有自己心动的梦想，你有过梦想吗？假如你的回答是"有"，那么，很高兴地告诉你，你已经拥有了一半的成功机会。假如你的回答是"没有"，那么不妨从现在起开始描绘自己的梦想。

梦想，是我们内心对人生、对自己的一种渴望，我们的生活会因为梦想而改变，我们日后能够取得多大的成就也与梦想息息相关。

值得一提的是，梦想不是空想，更不能只是喊喊口号，要付诸实实际际的行动才行。就像著名作家古龙先生所说的："梦想绝不是梦，两者之间的差别通常都有一段非常值得人们深思的距离。"有梦想才能有信念，有信念才能有行动，有行动才能获得成功。

没有思考，头脑和心灵都是贫瘠的

思考能为人带来智慧，带来改变命运的力量。但是如今，认同这个观点的人却越来越少，也许认同者没有变少，只是人们忙着生存、忙着生活、忙着享受，于是忘记停下来想一想了，我们究竟为什么生存，又到底该如何生活，我们又究竟需要什么样的享受。越来越多的人忽视思考，甚至把思考当作浪费时间，认为思考不如行动，因此，他们武断地把行动和思考对立起来，导致行动没有计划，目的混乱，没有持续的能力，可即使如此，他们依然不认为是自己的思维方式出了问题。

没有思考的头脑和心灵都是贫瘠的，因为太过缺乏条理，缺乏归纳和举一反三的能力，缺乏包容性和承受力，于是，在遇到困难的时候，头脑是僵硬的，心灵是恐惧的；而遇到顺境的时候，头脑得到了短暂的休息期，却又想不到该如何维持这个境遇，心灵是得意的，却偏偏不知警惕，告诫自己不要被胜利冲昏头脑；更多的时候，头脑是空的，心灵也是空的，因为里面没有多少内容，不会去想，也就没有多少情感和计划。

而没有思考的行动则常常是鲁莽的、失败的，没有慎重的思考，就考虑不到可能遇到的问题，更想不到解决问题的办法。凡事凭直觉、凭意气，那么做任何事都像是拿着自己的筹码赌博，就算赢也可能占不到一成的胜算。或许有些人天生运气好，靠着直觉闯过一个又一个难关，但也不要为此沾沾自喜，好运气总有用尽的一天，霉运来了，你没有应对的能力，没有承受的心理，那么苦日子也就开始了。

美国社会学家针对"心灵脆弱"这个课题进行了一系列的社会调查，他们的切入点是社会上弥漫的消极情绪，包括中产阶级的迷茫、校园里层出不穷的暴力事件、不断攀升的自杀率等，课题组的负责人认为这都是人类心理脆弱的表现。

普遍的社会现象必然有其内在的原因，负责人最想得到的答案是："当你在无所事事、嗑药、杀人……之前，你想到的是什么？"受访者的回答是一致的，"我什么也没想。"

这个调查似乎走入了死胡同，也似乎得到了结论：导致现代人对生命倦怠麻木的原因，是他们不愿意去思考，不论是思考自身，思考人与自然、人与他人的关系，还是思考自己的未来，现代人越来越不愿意相信思考的力量，西方学者们从古至今不断推崇的思考习惯，被越来越多的人忽视，也许，这才是精神危机的关键所在……

法国雕塑家罗丹有一个著名作品《思想者》，艺术家用青铜塑造出一个成熟、刚健、内敛的男性，他用手托住腮，眉头紧皱，垂下头颅，四肢弯曲，似乎被什么未知的事物所压迫着。但是，人们看到的并不是一个被难题压垮的人，而是一种内在能量的聚集，男人在思考，思考的同时，他的表情，他的四肢，都在为某种思想聚拢着，都在展示着一种力量，这种力量，就是思考的力量，是人在面对难题与困境时自然而然产生的力量。

一个十几岁的孩子正在山里放羊，一位旅行者问他："去年我来这里的时候，就看到你在放羊，你有没有想过为什么放羊？"小孩说："妈妈让我放羊我就放羊。"

旅行者说："那你为什么不想想自己到底喜不喜欢放羊？你上过

学吗？你去过山外吗？你想不想去看看别人是怎么生活的？"孩子困惑地摇了摇头，根本听不懂旅行者在说什么。

旅行者只好换了一种更加通俗易懂的说法："你想不想吃到更好吃的东西？想不想穿更漂亮的衣服？想不想有更多玩具？"孩子说："我妈妈做的羊肉泡饼最好吃；过年的时候，我就有新衣服；玩具？我们经常玩磨石子，还有比它更好玩的东西吗？"

旅游者哑口无言，他想，这个孩子回家后，也许会对他的父母说："今天我碰到了一个特别奇怪的人，他竟然问我为什么要放羊！还说世界上有比羊肉泡饼更好吃的东西！"想到这里，旅游者一阵悲哀，再也说不出话来。

封闭的心灵环境产生不出任何灵感的火花，当一个人习惯一成不变的生活，并形成一种思维定式，认为生活必然如此，生活必须如此的时候，他已经封闭了自我，满足于现状。他只会像放羊的小孩那样，在羊丢了的时候想想羊去了哪里，剪羊毛的时候想想买什么样的工具，大脑的用处仅止于此。

有些人认为思考是对自己的一种虐待，所以放弃思考，但实际上这不过是人们懒惰的借口而已。真正爱自己的人会为自己规划将来，而不是放任自己懒惰。不要被命运所控制，选择将主导权放在自己手中，依靠自己的思考，为自己规划未来，才能真正掌握大智慧，过上幸福的生活。

人应该要懂得为自己打算，这才是获得幸福的正确方法。如果你爱自己，那么不要傻傻地将人生交给命运去安排，而应该好好思考自己的未来。眼界有多大，你的世界才有多大，若是放弃思考，就等于活在一个自己的世界里，那么你无异于捂上了自己的眼睛和耳朵，过着自以为幸福的生活。

　　幸福不是一成不变的常态，人生需要去探索，幸福需要去追寻，享受眼下的生活固然重要，但这并不意味着你幸福的终点就在眼前。你若是放弃了思考的能力，无异于放弃了一马平川的未来，放弃了远处的高山与河流，放弃了一个辉煌灿烂的人生！

你离你想要的生活，只差一个野心

一位伟大的诗人曾写下这样的诗句：

"我向生命再次讲价，生命却已不再加酬，夜里无论如何乞求，当我计数薄财依旧。生命乃一公正雇主，任何祈求他愿给付，然而一旦酬劳讲定，汝之劳役汝须担负。向来辛劳只为薄薪，悚然恍悟，早知如果要求生命定出高价，生命原来皆愿允诺。"

中国也有这样一句古话："望乎其中，得乎其下；望乎其上，得乎其中。"意思是说，做一件事，如果你期望达到中等水平，结果你只可能拿个下等，但是如果你把目标定位在上等水平，你就有可能取得中等水平。

有时候，你距离你想要的生活，其实只差一个野心。

一个渔翁在河边钓鱼，看样子他的运气还不错，只见水面一动，银光一闪，一会儿就钓上来一条。但令人奇怪的是，每次钓到大鱼，渔翁就会摇摇头，然后把它们放回到水中，只有小鱼才放到鱼篓里。

在旁边观看垂钓的人迷惑不解，问道："你为什么要放掉大鱼，而留下小鱼呢？"

"唉"，钓鱼的人回答道："我只有一个小锅，怎么能煮得下大鱼呢？"

在这个竞争激烈的社会，你是否和故事里的钓鱼人一样，常常不够相信自己的能力，认为自己的能耐不够，凡事不敢期望太多，时常对自己说："现实一点，还是做自己应该做的事，拿自己应该得到的报酬吧！"

诚然，每一个人都有自己的生活方式，怎样选择本无可厚非，但是要想谋求成功和幸福，我们的人生就不能缺少一个远大的目标。就像林肯所说过的一句话："喷泉的高度不会超过它的源头，一个人的事业也是这样，他的成就绝不会超过自己的信念。"

如果连我们都不能相信自己，对自己所做的事情只"望乎其中"，期望性不高，抱着敷衍了事的态度。那么，不仅获得成功的可能性小，而且即使其中偶得进展，也难以体会到由衷的成就感，我们的一生也注定碌碌无为。

蒙提·罗伯兹的父亲是位马术师，他从小就经常跟着父亲东奔西跑，一个马厩接着一个马厩、一个农场接着一个农场地去训练马匹。由于经常四处奔波，他的学习成绩不好，也不受老师的欢迎。

一天，老师给全班同学布置了一个报告，题目是"长大后的志愿"。

蒙提和父亲一样喜欢在马场上奔驰的感觉，于是那晚他洋洋洒洒写了7张纸，描述他的伟大志愿，那就是想拥有一座属于自己的牧马农场，他还仔细画了一张200亩的农场的设计图，农场中央则是一栋占地4 000平方英尺（约371平方米）的巨宅。

蒙提花费了很大的心血，他满心以为老师会给自己一个"A"，但是拿回报告时，他看到一个又红又大的"F"，于是，下课后他愤愤不平地拿着报告去找老师了："老师，这份报告我写得很用心，您为什么给我不及格？"

"哦"，老师解释道："你学习不好，家里没钱，又没背景，什么都没有，盖座农场可是个大工程，你别太好高骛远了。这样吧，你如果肯重写一个比较不离谱的志愿，我会重打你的分数。"

"要重写一个志愿吗？但是我真的以后要拥有一座属于自己的牧马农场，可是报告不及格怎么办？"蒙提反复思量，最后征询父亲的意见，父亲告诉他："儿子，这是非常重要的决定，你必须自己拿主意。"

于是，蒙提决定坚持自己的信念，他一个字都不改，原稿交回。在这个信念的激励下，后来他真的拥有了农场和豪华住宅，而且那份初中时写的报告至今还保留着。

后来，蒙提还邀请自己当初的老师和同学们来农场露营了一星期。离开之前，那位老师对蒙提说："还记得当初我和你说的话吗？说来有些惭愧，我也对不少学生说过相同的话，幸亏你一直坚守着自己的信念。"

人生的未来就像一座大厦的落成，最终的高度取决于最初的"想要"，也就是我们每个人都拥有的目标。一个人心中的目标只有大到足以让他的意识与潜意识有反应，才能产生坚定的信念，并为之不懈努力，全力以赴，这样我们就很有希望获得成功。

心存高远的目标，是成功的真正本钱。在生活中，这样的例子并不少见。比如，举重选手如果想成为冠军，他必然要每天加强锻炼；父母要想培养出卓越的孩子，他们必然会重视孩子德、智、体、美、劳等各方面的教育。

所以，若是想拥有成功，想拥有不一样的未来，那么不妨把目标定得高远些吧！我要到达多远的地方？我要到什么地方去？我怎样才能到达？远见将召唤我们更加相信自己，进而从一个成功迈向另一个成功。

你或许会问：什么样的目标才能使人获得更大的成就，变得伟大呢？其理由再简单不过，一个人追求的目标越远大，信念的力量就越强，就越能战胜各种压力和困难，能力才会发展得越来越快，越来越大。

　　拿破仑年少时，被贫穷却高傲的父亲送进了一所贵族学校。在那里，与拿破仑往来的都是一些夸耀自己富有而讥笑他穷苦的同学，"你以为在贵族学校上学你就能成贵族了吗？不可能！"这种讥讽深深地刺伤了拿破仑，他既愤怒又无奈。后来他实在受不了，就写信给父亲说明自己不想读书的意愿。

　　"你必须在那里把书念完。"这是他父亲的回答。于是，拿破仑在那里忍受了整整五年的痛苦。期间，同学的每一种嘲笑和欺辱，都让他增强了决心：我一定要比这些愚蠢的人强，做个军官让他们看看！

　　大多数的同学都在利用空余的时间追求女人和赌博，而拿破仑却把所有的时间都用来读书，设法与他们竞争。图书馆里可以借书，这对于拿破仑而言非常有益，他可以免费充实自己，为理想中的将来做准备。那时候，拿破仑住在一个破旧的房间里，他孤寂、沉闷，却一刻也没有忘记读书，他还把自己想象成一个总司令，将科西嘉地图画出来，地图上清楚地指出了哪些地方应当布置防范，这是用数学的方法精确地计算出来的。

　　长官发现拿破仑的学问很好，便派他在操练场上执行一些任务，而他每一次都能够完成得很好，于是又获得新的成长的机会，就这样，拿破仑慢慢地走上了有权势的道路。这时候，情形发生了转变。过去那些嘲笑拿破仑的人都开始围着他，想分享一点他得到的奖励金；那些看不起他的人，现在也都很尊重他。他们全部都成了拿破仑的拥戴者，拿破仑一下子变得很重要。

　　此后，拿破仑真的成为了一名军官，他创造了一系列的奇迹：指挥的50多场战役，只有三场战败，连续五次挫败反法联军，歼灭敌军千万之军。在不到十年的时间里，他征服了大半个欧洲……

拿破仑之所以成为伟大的人物，完全源于他最初的那个信念：我要做军官，要比别人强！如果当初没有这样强大的信念作支撑，他或许就在同学们的嘲笑、贬低声中没落了，无法取得丰功伟绩，恐怕历史就要被重写了。

当然，树立一个远大目标的意义并不在于它能否实现，主要在于它能否调动人们心中的渴望，能激发人的积极心理和坚定的信念。到最后即使全力以赴仍然成功不了，但你在信念的引导下，所能实现的目标却很可能是其他人望尘莫及的。

俗话说"会当凌绝顶，一览众山小"，我们要想有一番作为的话，就应该给人生一个大的参照物，登高望远天高地阔。也就是说，只要拥有了强大的目标，追求高度的人生，才能够得到更大的成功，人之所以能变得伟大是因为目标更加伟大。

对于成功而言，最大的窃贼就是犹豫

失败就是在该下决定的时候不能够果断地下决定，进而无法展开积极的行动，最后让机会白白溜走，把自己人生的控制权交到别人手中。然而在生活中，这种情形发生得实在太普遍了，明明机会就在眼前，无数的人却因为不敢承担风险而犹豫不决，最终失去了接近成功的机会。

拿破仑就一直很忌讳犹豫不决的性格，他曾经说过："每场战役都有'关键时刻'，把握住这一时刻意味着战争的胜利，稍有犹豫就会导致灾难性的结局。"而拿破仑之所以能打败奥地利军队，也正是因为他懂得"关键时刻"的价值。

不管做任何事，行动的速度往往取决于下定决定的速度，如果你的内心一直犹豫不决，那么行动必将犹如一叶漂荡在海中的孤舟，永远漂泊、无法靠岸。而对于成功而言，最大的窃贼就是犹豫。

杰克就是一个典型的例子。

杰克突然下岗了，他的生活一下子陷入了黑暗之中，整日抑郁不已。有一个朋友来看望杰克，考虑到杰克曾是一家超市的市场监管，便给他指出了一条明路——到工商局去办个执照，租个推位，做点小买卖。

刚听到朋友的建议时，杰克挺高兴，痛快地答应了。又一想，办了执照就得纳税，好不容易赚几个钱都交税了，还不如不办照。到商场租个推位，摊位费每月也得千儿八百的，一共能赚多少钱啊！不够交摊位费岂不亏了，还不如街头摆地摊。可听人说，街头摆地摊就怕遇上工商、税务、市容突击大检查，那真就是望风而逃，想起那情景够让人害怕的，还是再想想吧……

就这样，杰克已经想了两年多了，还没有做起小买卖，依然处于失业状态。

世间最可悲的是那些优柔寡断的人，具有这个特点的人，对待任何事都举棋不定、犹豫不决，而这不仅会破坏一个人对自己的信赖，更会影响他的判断力，从而扰乱他在成功道路上的步伐。

这是因为，每个人的成功都离不开机会的"催化"，但任何一个机会都是稍纵即逝的，成功正是取决于这个关键时刻，此时一旦犹豫不决，机遇就会失之交臂，再也不会重新出现，你就只能两手空空、一无所有、徒留伤悲。

那么，为什么总有这么多人在机会面前犹豫不决呢？通常而言，这是因为他们不知道事情的结果会怎样，究竟是好是坏、是凶是吉，总是害怕自己会失去什么，担忧自己的一生会失去控制，或者会失去手中的权力等，不敢担负起应负的责任。殊不知，他们的失败却恰恰正是因为这样的"谨慎"和犹豫。

在重大问题面前，快速下定决心、采取果断行动的人，往往能够把握好"关键时刻"，即使他们会犯些小错误，也不会给自己的事业带来致命打击，总比那些犹豫不决错失良机的人要好得多。

其实，无论当前的问题多么严重，多么需要你瞻前顾后、权衡利弊，你也没有必要一直沉浸在优柔寡断之中，车到山前必有路，问题总能找到解决的办法，但错过的机会就永远被错过。犹豫是成功的大敌，假如你染上了这种习性，就应赶紧下大力气去纠正它，进而练习一种敏捷而有决断力的本事。

　　能迅速下定决心、立即行动的人，知所取舍，取得所需，也往往如探囊取物。各社会阶层、各行各业的领袖下起决心来，通常都是既坚定又迅速的，故而行动也就能雷厉风行。唯其如此，他们才能够取得一定意义上的成功。可见，摒除犹豫，勇敢果决，这是成功不可或缺的必要条件。

新生活是从选定方向开始的

曾看过一个关于西撒哈拉沙漠中旅游胜地比赛尔的故事：

在很久以前，比赛尔是一个只有进、没有出的贫瘠荒漠，因为世世代代没有一个人可以走出去。那些人在一望无际的沙漠里，只会走出许多大小不一的圆圈，最后的足迹十有八九会是一把卷尺的形状。

后来，一位叫肯·莱文的西方探险家为了弄明白比赛尔人为何走不出去大漠，来到了这里。他发现比赛尔四处都是茫茫大漠，一个人如果凭着感觉往前走，只会陷入团团转的境地中，最后都毫无例外地回到出发点。

于是，肯·莱文想到必须找到一个可以参照的东西，才有可能分辨出方向，他选择了北斗星，白天休息，夜晚朝着北斗星的方向前行，在北斗星的指引下，他仅仅用了三天半的时间就成功地走出了大漠。

从那以后，成千上万的旅游者开始来参观比赛尔，给他们送来了生活的物资和知识的财富。肯·莱文也被称为比赛尔的开拓者，他的铜像被竖立在小城的中央。铜像的底座上刻着一行字：新生活是从选定方向开始的。

一个人，他真正的人生之旅是从选定自己的人生目标开始的。在坚定自己的信念之前，我们必须花费一段相当长的时间去计划、去努力找准自己的"北斗星"，明确自己的"靶子"，不然一切都是枉然。

正如亚里士多德所说："明白自己一生在追求什么目标非常重要，因为那就像弓箭手瞄准箭靶，我们会更有机会得到自己想要的东西。"一个心中有目标的人，即使开始很普通，也一定能依靠信念成为成功的创造者，这也是所有在某一领域取得成功的人之所以能够成功的先决条件。

"目标"与"信念"这两个词是连在一起的。目标是一种外在的、具体的、实际的表现，信念则是一种内在的、抽象的、含蓄的表现。现实中目标就像一个靶子，如果我们没有目标，信念稍不留神就会溜之大吉。

换句话说，一个人如果一开始就不知道他要去的目的地在哪里，那么即使他再有信念，也永远到不了想去的地方，也就永远实现不了目标。人只有确立了自己前进的方向，才会最大可能地激发信念，从而主宰自己的命运。

你或许听过四个毛毛虫的故事：

有四只关系不错的毛毛虫，它们从小一起玩耍，一起长大。毛毛虫喜欢吃苹果，有一天，它们决定各自去森林里找苹果吃。

第一只跋山涉水，终于来到了一棵苹果树下，但它并不知道这是一棵苹果树，也不知道树上那些红红的果子是什么东西，它只看到同伴们拼命地往上爬，也就跟着往上爬。它没有目的，也不知目的地在哪里？那么，它最后的结局是什么呢？运气好的话，也许能找到一颗大苹果，幸福地过完一生；运气差的话，只能在树叶中迷路，浑浑噩噩地糊涂一生。不过可以肯定的是，像这样的毛毛虫有很多。

第二只毛毛虫也爬到了一棵苹果树下，它知道这是一棵苹果树，还确定它的终生目标是找到一颗大苹果。问题是它并不知道大苹果长在什么地方？但它觉得，大苹果应该是长在大大的枝叶上吧，于是往大的枝叶上爬，它按照这个标准不停地往上爬，终于得到了一个苹果，可是令它泄气的是这个苹果并不是很大。

第三只毛毛虫也来到了苹果树下，这只毛毛虫特别聪明，因为它在来之前，就带了一个望远镜。在树下的时候，它就用望远镜搜寻了一番，找了一颗别人没有发现的大苹果，按理说，它应该有一个不错的结局，只是当它快爬到苹果的边上时，苹果因为熟透了，落在了地上。

第四只毛毛虫可不是一只普通的毛毛虫，因为它在来之前，已经总结了别人失败的经验。当它到达一棵苹果树下时，它先用望远镜找到不容易被人发现的一含苞待放的苹果花，它计算着行程，选择走最近的路，并估计出当它到达目的地时，这朵花正好可以长成一颗成熟的大苹果，所以它获得了大苹果，从此过上了幸福的生活。

其实，我们的人生就如毛毛虫，而苹果就是我们的目标。毛毛虫爬树的过程就是我们追寻目标的过程。我们每个人其实都像毛毛虫一样，都要为人生的梦想爬上苹果树，寻找到属于自己的大苹果，如果没有规划，那么一切终究会以失败告终。

目标激发信念、引领成功，不过值得一提的是，同样是有目标的人，有人取得了成功，有人遭遇了失败；有人取得的是大成功，有人收获的却是小成功。之所以会有这样的差别，与目标不够明确而具体有莫大的关系。

一起来看看美国纽约大都会街区铁路公司的总裁弗兰克的成功历程，或许能给我们一些启示。

谈及自己的成功时，弗兰克说："在我看来，对一个有目标的年轻人来说，没有什么不能改变的，也没有什么不能实现的，而且这样的人无论从事什么样的工作，在什么地方都会受到欢迎。"

　　50年前，弗兰克还是一个13岁的少年。由于家境贫困，他没有上过几天学便提早进入了社会，他要求自己一定要有所作为。那时候，他的人生目标是当上纽约大都会街区铁路公司的总裁。

　　为了这个目标，弗兰克从15岁开始，就与一伙人一起为城市运送冰块，并不断地利用闲暇时间学习，想方设法向铁路行业靠拢。18岁那年，经人介绍，他进入了铁路行业，在长岛铁路公司的夜行货车上当一名装卸工。尽管每天又苦又累，但弗兰克始终积极地对待自己的工作，他也因此受到赏识，被安排到纽约大都会街区铁路公司干铁路扳道工的工作。

　　弗兰克感到自己正在向铁路公司总裁的职位迈进，在这里，他依然勤奋工作，加班加点，并利用空闲时间帮主管做一些统计工作，他觉得只有这样才可以学到一些更有价值的东西。后来，弗兰克回忆说："不知道有多少次，我不得不工作到午夜十一二点才能统计出各种关于火车的赢利与支出、发动机耗量与运转情况、货物与旅客的数量等数据。做了这些工作后，我得到的最大收获就是迅速掌握了铁路各个部门具体运作细节的第一手资料。而这一点，没有几个铁路经理能够真正做到。通过这种途径，我已经对这一行业所有部门的情况了如指掌。"

　　但是，扳道员工作只是与铁路大建设有关联的暂时性工作，工作一结束，弗兰克面临着离职的危险。于是，他主动找到了公司的一位主管，告诉他，自己希望能继续留在公司做事，只要能留下，做什么样的工作都可以，对方被他的诚挚所感动，把他调到另一个部门去清洁那些满是灰尘的车厢。不久，他通过自己的实干精神，成为通往海姆基迪德的早期邮政列车上的刹车手。

　　在以后的岁月里，弗兰克始终没有忘记自己的目标。这种信念促使着不断地补充自己的铁路知识，废寝忘食地工作着，他每天负责运送100万名乘客，从没有发生过重大交通事故，最终弗兰克终于实现了自己成为总裁的目标。

很多时候，目标越明确，对目标的理解越深刻，我们对自己心目中喜欢的事物便越能有一幅清晰的图画，信念也就越能集中和持久。当我们能够集中精力在所选定的目标上时，自然也就会更加热衷于这个目标。

一旦有了目标，我们往往就能有一股相信自己的能力，并且始终坚守勇往直前的信念，从而取得超越我们自身能力的成就。道格拉斯·勒顿说得好："你决定人生追求什么之后，你就做出了人生最重大的选择。要能如愿，首先要弄清你的愿望是什么。"

宏伟蓝图都是具有无穷魅力的，但它往往不是我们唾手可得的东西。若试图一下子就实现目标，无异于想在一天之内建造出一座罗马城，这样只会给自己徒增繁重的压力。

所以说，人生无论是长久的计划，还是宏伟的目标，都绝非是一蹴而就的，它是一个不断积累的过程。那些一个个量化的具体计划，就是人生成功旅途上的里程碑、停靠站，每一个"站点"都是一次评估、一次安慰和一次鼓励。而是否能量化，是计划与空想的分水岭，只有把每一小段的目标都可视化，我们才不致于让自己的理想成为海市蜃楼。

为了梦想，拼尽全力又何妨

在我们的一生中，梦想是极为重要的东西，因为有了它，我们就可以看到未来的希望，就可以时刻保持充沛的想象力与创造力。这样一来，那些不良的情绪才不会打扰你，你的生命才不会在瞎忙中虚度。

因为有了梦想，所以我们心中不会有迷茫；因为有了梦想，所以时间不会白白浪费；因为有了梦想，所以生活才会更加充实；也因为有了梦想，我们所有的忙碌都不会成为白忙。现在，忙碌几乎成了人们生活的一种常态，人人都在忙碌，只不过，有些人是真忙，而有些人却只是穷忙。前者知道自己为什么忙碌、怎样忙，所以忙得井然有序，忙得有模有样；而后者则是为了忙而忙，每天从早忙到晚，最后一看，却发现自己竟然一事无成。

《爱丽丝漫游奇境记》中有这样一个场景：

爱丽丝问猫："请你告诉我，我该走哪条路？"

"那要看你想去哪里？"猫说。

"去哪儿都无所谓。"爱丽丝说。

"那么走哪条路也就无所谓了。"猫说。

因为不知道去哪，所以走哪条路都无所谓了。这或许是很多现代年轻人生活的真实写照，他们没有梦想，所以只能是走一步算一步，漫无目的地瞎忙。这些人只是混日子，抱怨生活枯燥、事业失败，却永远也不愿意改变自己，因为他们已经麻木了。

在生活中，我们总能看到很多人勤勤恳恳地工作，日复一日地忙碌，可是他们却并没有取得什么成果，成功并没有降临到他们的头上，相反，他们的生活或许还会非常糟糕。其实，造成这种结果的原因并不是因为他们不够聪明，也不是因为他们没有机会，而是因为他们的生活没有目标和梦想。

我们每个人都不该是平庸的，更不能甘于平庸。如果你缺少了心中的目标，那么就只能在这个浮躁的社会中随意漂流，找不到前行的方向。连自己想要什么都不知道的人，注定只能像一只无头苍蝇一样，四处碰壁，永远也飞不出黑暗的屋子。

他在小学的时候，有一次考试得了第一名，老师送给他了一张世界地图。当时他高兴极了，跑回家就开始看这本世界地图。虽然他当时不得不为家人烧洗澡水，可是他依然对地图爱不释手，一边烧开水，一边在火炉边看地图。当他看到埃及的时候，心中异常地兴奋，因为在学校的时候，就听老师说埃及有金字塔，有艳后，有尼罗河，有法老，有很多神秘的东西……这时候，他小小的内心就立下了一个誓言：长大以后如果有机会自己一定要去埃及。

当他看得入神的时候，爸爸从浴室中冲出来，身上裹了一条浴巾，大声地说："火都熄灭了，你在干什么？"他愣了一下，说："我在看世界地图，听老师说埃及有……"话还没说完，爸爸就生气地给了他两耳光，然后说："赶快生火，那地方有再多的东西，我也保证，你这辈子都永远到不了那个地方！"说完后，就一脚把年幼的他踢到火炉旁边去了。

他当时看着爸爸，惊呆了，心想："我爸爸怎么能给我这么奇怪的保证，我这辈子真的永远到不了埃及吗？"顿时，他心中感到万分迷惘、失落，好像失去了什么东西一样。过了很长时间，他又燃起了信心，对自己说："我这辈子一定要到埃及去，证明爸爸的说法是错误的！"

以后的20年中，他心中十分坚定地知道，自己的梦想就是有一天能到埃及去。朋友们都不解地问道："你到埃及去干什么？"那时候还没开放观光，出国是极难的。他却对朋友们说："因为我的生命不能被保证！那是我心中十分坚定的梦想！"

经过20年的努力，他终于到了埃及，就坐在金字塔前面的台阶上，买了一张明信片寄给爸爸。他这样写道："亲爱的爸爸，我在埃及的金字塔前面给你写信。记得小时候你曾经给我两个耳光，并保证我以后永远到不了这么远的地方来，现在，我就坐在这里给你写信，同时也非常感激你，正是你的那个保证，让我这几十年的时光过得极为充实，心中从来没有迷惘过，因为我有坚定的梦想！"

这个世界上，很难说有什么做不了的事，因为昨天的梦想，可以是今天的希望，并且还可以是明天的现实。因为有了梦想的支撑，人生才会更有意义，世界才会变得更加精彩。如果一个人没有了梦想，内心就会陷入迷茫之中，就像是一个断了线的风筝一样，只能漫无目的地乱飞；就像大海中航行的船只一样，失去了前进的方向，永远也无法靠近岸边。

人生是有限的，梦想却是无限的。生活中有太多的因素是我们无法控制的，但是如何生活却是我们自己说了算。只要你心中仍有梦想，并且敢于为自己的梦想而努力，那么每天都会充满希望和激情。

不要再混日子了，不要再瞎忙了，想一想自己年少的梦想是什么。如果你已经忘记了，没有关系，不妨现在就给自己一个新的梦想，即便是一个小小的目标，也要朝着它努力。等到你实现了一个个小梦想、小目标之后，得到的意外惊喜就愈多，生活就会越来越充实。

我们所有的努力，只为了拒绝不喜欢的人生

人生无常，不管是谁，都不可能永远占据胜利者的位置，即便今天身处高位，明天也可能就会坠下神坛。而我们所有的努力和拼命，其实都只有一个目的，那就是能够在有生之年拥有最大的自由，能够有底气拒绝不喜欢的人生。

苦难是磨砺人生的利器，在这个世界上，本就没有能够依仗魔力便能轻松获得成功的人，谁也不是天生就伟大杰出的。开始时，大多数人其实都站在同一条起跑线上，不同的是，有的人只挑平稳的路走，而有的人则愿意挑战更大的艰难与坎坷。前者的安逸让他们安于现状，而后者却能在磨难中成长，一步步突破自我，成为更优秀的自己。

想要成功，就不能惧怕困难和挫折，就不能给自己的人生设限，只有那些敢拼敢闯的人，才能在历经千难万险之后，最终得到了凤凰涅槃的重生。

对成功怀有渴望，就要相信自己，不必惧怕穷困潦倒，不必和自己说"不可能"。因为没有什么是不可能的，只有解除了自我设置的"紧箍咒"，才有可能迎来成功的辉煌与荣耀。人生如此，该是何等的洒脱、何等的惬意。而那些我们所经历的苦楚，那些我们所付出的努力，都只是为了能在未来，有更多的底气，去拒绝不喜欢的人生，让自己活得更肆意，也更快乐。

辛普生出身于旧金山的贫民区内，父母离异，家境贫寒。六岁

时，他突然得了小儿软骨病，双腿必须用夹板夹牢。因为支付不起药费，用来支撑的夹板都是他家里人做的。病痛加上长期的夹板作用，使辛普生的腿逐步萎缩，双脚向内翻，小腿很细，而医生认定他的人生毫无前途可言。

一日，辛普生偶然结识了旧金山飞人棒球队的运动员威利·梅斯基，他萌生了当运动员的想法。但是，母亲却说这是不可能的。的确，辛普生双腿的肌肉萎缩，根本不是运动员的料。但是，辛普生并不这么认为。

为了帮助家里挣钱，也为了锻炼腿部的肌肉，辛普生开始参加工作了，他到街上去卖报、到池塘去打鱼、到火车站帮别人装卸行李，还在一家商店做过售货员，一有时间他便到附近一所中学练习打橄榄球，期间的辛苦可想而知。每天晚上回到家后，辛普生都需要给腿部按摩半个小时才能感觉舒服一点。

"谁说我的人生毫无前途可言，不试怎么知道自己不行，我相信我能行！"辛普生时常这样告诉自己。他不畏惧困难，艰苦训练，随着腿部肌肉的恢复，他的技术越来越好，后来的结果竟然不同凡响，一时间成了全美国最杰出的棒球运动员之一。

辛普生虽然只是一个无名小卒，而且还有过小儿软骨病的经历，但与常人不同的是，他没有自我设限、安于现状，也没有惧怕未来的艰险和挫折，而是多了一份"我相信我能"的自信，勇往直前，不断超越，最终才成就了自己。

不要惧怕未来，也不要惧怕那些可能出现的困难与痛苦，只有战胜恐惧，突破局限，我们才能真正挣脱命运的枷锁，做自己人生的主人。当然，这不是一件容易的事情，我们需要突破的，是隐存于自己内心的围墙，若要想在自我与环境中摸索出突破的方向，不做出一番努力是根本不可能达成的。

1970年，31岁的柴田和子踏入保险界。

1978年，柴田和子创下了在一年之内发展804位业务员的惊人业绩，首次登上了保险界"日本第一"的桂冠，此后一直蝉联了16年日本保险销售冠军，荣登"日本保险女王"的宝座。

1988年，她创造了世界寿险销售第一的业绩，并因此而荣登吉尼斯世界纪录，此后逐年刷新纪录，至今无人打破。她的年度成绩能抵上800多名日本同行的年度销售总和，是营销精英分子们心中的"顶级大姐"。

1995年起，柴田和子担任了日本保险协会会长，但业绩依然不衰，早已超过了世界上任何一个推销员。在全球寿险界，谈到寿险销售成绩的时候，人们常常会说"西有班·费德雯，东有柴田和子"。

而在踏入保险界之前，柴田和子当了四年的专职家庭主妇，哺育两个幼儿，她认识的人根本不足100人。对于自己的成功，她给出了"处方"："只要你想要，没有什么不可能的，这种心态确实帮了我不少忙。"

作为一个专职的家庭主妇，柴田和子踏出这一步是极具勇气的。试想一下，如果那时，面对着完全无法掌控的未来，她稍有些犹豫和退缩，那么也就不会有日后的成就了。幸好聪明的她不曾贪恋眼前短暂的安稳，而是勇敢地迎向了挑战，为自己长远的未来积累起了更多的资本。

人生当是星辰与大海的追求，只有无惧无畏的人，才能勇敢追梦，并在追梦的过程中完成对自己人生的救赎，成为真正主宰自己命运的人。其实，有什么可怕的呢？相比那些未知所带来的恐惧，一眼就能望到头的人生，注定身不由己的未来，难道不会更加可怕？

我们所有的努力，都只是为了能在将来的某一天，有底气地去拒绝自己不喜欢的人生，有能力和资本去主宰自己的命运、主导自己的人生。

PART 8 / 你有多努力，就会有多特殊

　　人生没有过不去的坎儿，只有过不去的人。只要不放弃，就永远都有希望。生活从不会亏待任何一个人，你所吃过的苦，受过的累，掉进的坑，走错的路，都会成就独一无二的你。虽然世界从来都不是平等的，但命运却会给你一个公平的机会，你有多努力，就有多特殊。

抱怨没用，这个世界永远用实力说话

公平是这世上最好听的一个词，每一个人都期盼着公平，孩子们总是喜欢公平的游戏规则，成年人希望获得公平的竞争机会。但是，绝对的公平是根本不存在的，因为上天眷顾的人只有少数，而我们只是那大多数中的一部分。

有的人天生残疾；有的人健康。有的人生于名门，长于豪富；而有的人却生于贫穷，长于困苦。有的人一帆风顺的，老天似乎对他一路绿灯；有的人虽然也很努力，却处处碰壁，更有甚者，叫天天不应，叫地地不灵……

当遭遇生活的不公平时，很多人因为无法适应，怨天尤人，不甘心去接受不公平的挑战，整天活在忧郁之中，这或许能解一时之气，但我们也就等于被生活击垮了，更别提获得"相信我能"的力量了。

既然这样，我们何必对那些不公平耿耿于怀呢？把不公平作为一次生活的挑战，相信自己能给自己一个公平……那些成功人士，他们之所以成功，就是因为无论生活是公平的还是不公平的，他们都坚持自己给自己公平。要知道，抱怨是最无用的东西，这个世界，永远都只能靠实力来说话。

在这方面，当代最伟大的科学家斯蒂芬·威廉·霍金是一个经典的楷模！

"我的手指还能活动；我的大脑还能思考；我有终生追求的理

想；我有爱我和我爱着的亲人和朋友；我还有一颗感恩的心……"这段豁达而乐观的文字，正是出自霍金——一位在轮椅上生活了几十年的残疾人之手。

然而，霍金并不是一生下来就坐轮椅。青年时代，霍金是牛津大学公认的最有前途的明星学生，获得过一等荣誉学位。但是在他大三那年，却发现自己身上突然出现了一种奇怪的症状——手脚逐渐变得不利索，甚至有时候还会无缘无故地跌倒。

专家在为霍金做了各种医学测试之后，判定这是一种罕见的肌肉萎缩性侧索硬化症，即运动神经病，而且还会继续恶化，但是对于治疗，专家也无能为力，这就意味着霍金要带着他虚弱无力的身体，在轮椅上度过余生。

祸不单行，1985年，也就是全身瘫痪数十年后，霍金再一次遭受灾难的打击。他感染了肺炎，医生不得不为他进行气管切开手术，也就是在脖子及气管上直接切口形成通气孔，这样一来，他永远失去了说话的能力。

尽管生活对霍金如此不公平，既夺走了他健康灵活的双腿，又夺走了他与人正常交流的说话能力，只留给了他无尽的病痛。但是，霍金没有抱怨生活的不公，他说："生活是不公平的，不管你的境遇如何，你只能全力以赴！"

霍金积极乐观地适应生活，不断地改造自我，如今他已经成为世界上最著名的物理学家，拥有3个孩子，1个孙子，12个荣誉学位，是英国皇家协会的特别会员，还获得了很多奖项和勋章。

命运对霍金非常不公平，在常人看来简直是苛刻得不能再苛刻了：他腿不能站，身不能动，口也不能说。可他并没有抱怨生活的不公，而是积极乐观地改变自己，最终他为自己争取到了公平，赢得了成功而精彩的人生！

当今社会竞争激烈，而你一个人是无法改变这种现状的，它的不公平也是据此应运而生的，即便你有满腹的才华，也不一定有机会一下子做到企业的高层，不得不从公司最基层的工作做起，你若是不满意，就只能改变自己，靠自己去争取公平！

高中时期是人生的一大转折点，但就在这关键时期，她居然病倒了，而且一躺就是半年，与梦寐以求的大学失之交臂。病好之后，她为了把病中耗费的4年"挣"回来，也为了给并不富裕的家庭省点钱，选择了参加高等教育自学考试。

拿到自考专科毕业证书后，她进入IBM公司，做起了行政专员，这种工作与每天打杂无异，什么都干。她不但要负责打扫办公室卫生，还要负责给人端茶倒水，几乎没有人注意她、在意她。

一次，因为没有带工作证，公司的保安把她挡在了门外，不让她进去。而其他没有佩戴工作证的人却可以自如地进出。她质问保安："别人也没有带工作证，你为什么让他们进去？"得到的回答却是："他们都是公司白领，你和人家不一样！"

她感觉自己的自尊心被人当众踩在脚下，她看着自己寒酸的衣装、老土的打扮，再看看那些衣着整洁、气质不凡的白领们，她在心里发誓："命运为什么这么不公平？难道我真的只能做端茶倒水的工作吗？不行，我要努力缩小与这些人的差距，今天我以IBM为荣，明天要让IBM以我为荣！"

此后，她利用所有的闲暇时间来充实自己。由于什么都要从头学起，她每天都是第一个来公司，最后一个离开，还常常熬夜到两三点，有几次居然晕倒在办公室，不过努力换来的回报使她很快成了一名业务代表。而后，又通过几年的认真学习和实践锻炼，她的工作能力越来越突出，被任命为IBM公司的中国区总经理，被人誉为"打工皇后"，她就是吴士宏。

出身贫困，没有学历、没有关系，吴士宏面临了太多的不公平，但是她最终凭借着"相信能"的魄力取得了令人瞩目的成功。这个事例也告诉了我们一个道理：不必尽己所能去改变生活的不公，努力改变自己，才能生存和发展。

试想，如果你大学毕业后被分在基层工作，你一边愤愤不平，一边敷衍工作，那么你会有升职的机会吗？恐怕不能，因为老板会认为你连最简单的事情都做不好，根本不会有责任和能力去做更高级的工作。

不要再一味地埋怨生活的不公平了，也不要奢望自己成为上天的宠儿。不要愤慨，暂且忍耐，接受诸多不公平的待遇，认真思考如何更好地去挑战生活的不公，用你的实力，慢慢地将不公平变为公平吧！相信，成功终会到来。

努力，然后成为行业里的NO.1

西方白领阶层流行着这样一条知识折旧定律："一年不学习，你所拥有的全部知识就会折旧80%。你今天不懂的东西，到明天早晨就过时了。现在有关这个世界的绝大多数观念，也许在不到两年时间里，将成为永远的过去。"

世界每时每刻都在转动，时代在发展，社会在进步，这就要求你不断注意观察周围的环境。如果环境已经改变了，而你仍然固步自封、原地踏步的话，便会"逆水行舟，不进则退"，而你最终无疑会被社会无情的淘汰。唯有孜孜不倦地有效学习，用新思想、新观念、新方法来"包装"自己，适应新的工作环境，才能步步为赢，才能在激烈的市场竞争中长盛不衰。

国际商业机器公司IBM就是一个很有说服力的例子。

国际商业机器公司，简称IBM，1911年创立于美国，它一直以生产大型计算机而闻名，曾是全球八大电脑公司中最大的公司，但是因为没有及时关注行业动态，IBM不幸地从顶端滑落了下来。

随着计算机在社会中扮演的角色越来越重要，到20世纪80年代时，消费者渐渐趋向于体积小、便捷的个人计算机。此时，IBM高层领导并没理会这一变化，对此变化甚至置若罔闻，继续生产大型计算机。

直到戴尔、苹果等体积小、便捷的小型计算机纷纷在市场上掀起销售热潮时，IBM才意识到当初生产方针的错误性。但是，这时市场已经被戴尔、苹果等品牌公司占据了，IBM大势已去，只能望洋兴叹。

身处于大变革、大调整、大发展、大融合的今日，新情况、新问题不断出现，未来的竞争实质上是跟上时代的节拍、适应工作的需要。谁学习得更快、适应得更深，谁就会走在发展的前列，在激烈的市场竞争中长盛不衰。

每一天我们都处在不断折旧的时代中，如果你感到恐慌、焦虑、担忧，那么，最好的解决办法便是始终保持积极进取的态度，不断学习新的知识、技能，用新思想、新观念、新方法来"包装"自己，适应新的工作环境。

美国戴尔公司创始人、董事会主席兼CEO麦克·戴尔就是通过不断学习、不断提高自己，才做出了一番辉煌的事业。对于自己的成功，他如是总结："无论我在企业处于什么位置，无论我自己身处何处，我都对自己说：你是永远的学生。"

在我们身边，有些人尽管出身卑微，或身陷不幸，或饱受折磨，但是他们正是凭借不断的学习，确保了高效的工作、赢得了众人的赏识，走出了一条成功之路。让我们看看上海宝钢集团发明家孔利明的故事。

孔利明，上海宝钢股份有限公司运输部高级技师，1997年度上海市劳动模范，2000年度全国劳动模范，全国"五一"劳动奖章获得者，2004年度中央企业劳动模范，他正是不断学习、积极进取的典范。

1984年，大专毕业的孔利明从上海运输一厂调到宝钢工作。原以为干老本行驾轻就熟，但是宝钢工作设备比较先进，都是电脑和电子集成电路等技术，这让孔利明感到底气不足，但这并没有吓退他。

不会使用电脑显然已经落后了，为此孔利明在工作期间，先拜儿子为师，从基本的打字开始。为了掌握电脑软件、硬件的设置、调试和修理，他干脆买了一台电脑开始"研究"，拆了装，装了拆，直到弄明白为止，现在电脑已经成了他离不开的工具。

为了掌握最先进的科技，孔利明买来了各种电气、机械的书籍、文件，他起早贪黑，放弃各种娱乐活动和家务，挤出时间如饥似渴地学习，通过不断地努力，他自学完成了电气自动化的大专学业，又继续攻读了本科；为了延续在厂内的技术创新实验，他还把客厅改为实验室；除此之外，他还常常去宝钢的教育培训中心取经……

凭借不断学习和钻研的精神，孔利明为宝钢解决了各类设备的疑难杂症340个，拥有专利55项，连续4年摘取中国专利新技术、新产品博览会金奖，创造经济效益1 400余万元，被提拔为高级技师。

"吾生也有涯，而知也无涯"。一个真正有志向、渴望充实并造就自己的人，他们大都懂得时时进取的重要性，通过各种途径不断汲取知识，使自己的视角更加开阔、思维更加全面，从而对各类问题应对自如。

说到这里，想必你应该已经明白了，每一天你其实都在和众多的人竞争着，有时候，不是成功不青睐你，而是你的能力和经验还没有提升到相应的档次。每一次的成功都意味着我们将站在更大的平台上，需要承担更多的责任。在这个过程中，你得有足够的能力、素质面对这些复杂与困难的局面、形势，然后征服它们。

所以，不论身处什么岗位，我们都不能只站在原地不动，学习的脚步不能停歇。唯有不断地学习，不断地自我更新，不断增强自己的竞争优势，我们才有脱颖而出的机会，获得难得的成功机会。也只有不断地努力、不断地前进，我们才能成为行业里的NO.1，收获属于自己的成功。

　　成功的秘诀其实很简单，就是时刻关注社会和行业的发展趋势，及时地对自己做出相应的调整，孜孜不倦地有效学习，然后不断充实和完善自己，跟上时代的步伐！如果你能够做到这些，你将会成为人生赛场上永远的佼佼者，生命的价值也将得以升华。

梦想需要盘算，幸福也离不开规划

梦想并不是遥不可及的事情，这个世界上总有这么一些人真的实现了自己的梦想，过着自己想要过得生活。可是，这个世界上也有这样一些人，他们总是梦想着有美好的未来，却最终只能停留在原地，过着庸庸碌碌的生活。

那么，那些失败的人与成功的人的差距究竟在哪里呢？

恐怕，这还要从个人身上找原因，那些实现了梦想的人，总是有打好如意算盘的本事。他们会给自己规划一个美好的未来，然后为了这个未来付出全部的努力，直到得到自己想要的一切。他们会非常靓丽地出招，不管是遇到阳光还是风雨，都会给这个世界留下一个精彩万分的背影。

心有多大，你的舞台就有多大。你现在的盘算和计划，决定着你将来的事业和地位。如果你现在都不能打好算盘，又怎么知道该向哪个方向努力呢？要想让自己的人生更加精彩，就必须在最初打好算盘，做好选择、做好准备。你要是不通过了这三关，那么后面的日子肯定是不好过的。

曾经在报纸上看到过这样一个故事：一个美国男孩子，他很喜欢摄影，于是便花光所有的积蓄买了一台专业摄影器材。之后，他开始了自己的旅程，边走边拍下珍贵的照片。他的拍摄角度非常独特，照片也很有特色。他每次拍完之后，就会把自己满意的作品发到自己的网页，与大家一起分享。同时，他还会写下一些旅行的感悟和感想。

因为他的作品风格独特，思想也很有见地，所以很快就吸引了一些欣赏并喜欢他作品的粉丝。一时间，他的作品和他自己本人在网络上都获得了很高的知名度。最后，他成立了自己的文化公司，因为运营得当，获得了颇为丰厚的收益，最终被一家大型企业收购，一下子赚了几千万美金。

有了钱之后，他开始环游世界，继续拍照，到处旅游，很多网络上的粉丝还是会定时地在网络上等候他的作品，并成了他图片美文的忠实关注者。当有人问他是如何过上如此惬意舒适的生活时，他微笑着回答说："我以前就想要过这样的生活，我知道我一定能过上，所以我不断地努力，让自己变得更好，所以现在我过上了自己曾经向往的生活。"

聪明人心中都有一个如意盘算，他们知道自己需要什么，以及如何才能获得自己需要的东西。正因为如此，所以当少数人还在抱怨生活和事业的时候，他们已经可以从容地说："只要我想要，我就能得到。"

是啊，只要你做好盘算，不停地为自己的目标努力，那么就可以过上自己想要的生活。想成为自己向往的那种人，首先是要知道这种人到底需要什么？而自己经过努力以后，能达到一个怎样的高度，以及自己需要付出多少的努力和时间。这个过程，就是自己打如意算盘的一个过程。当然，光是有一个如意盘算还是不够的，你还得付出辛劳和汗水，还得靠自己努力和奋斗。

一次，在从北京飞往美国的旅途中，乘坐飞机的何兰正在拿着一本书浏览着，借此打发无聊的时光。恰逢此时，她眼角余光注意到旁边座位上一位年轻干练的女白领，俨然是一名企业高管。

只见她正拿着笔记本电脑忙碌着，手指在键盘上轻巧地飞跃着，好像在处理什么紧急的工作。何兰感到非常好奇，从北京到美国的飞机要飞很长时间，这本来就让人感到非常疲惫，可是她却可以如此专注地集中注意力，精神状态饱满，一点都不知道疲倦。

在她休息的时候，何兰和她交谈了几句，何兰问她："为什么在飞机上还这么用功？"她笑笑说："我下了飞机就要召开紧急会议，所以必须抓紧时间将策划方案完善一下。"之后，她们又交谈了一会儿，何兰这才确认对方果然是一个企业的高管，而且是一个非常有能力的人。

她任职的公司是一家大型外企公司，作为一名高级经理，她手底下管理着百余名员工，年薪当然已经破了六位数，可以说绝对是一名成功人士。她说从上学的时候开始，她就开始规划自己的人生，那个时候，她就已经知道自己会成为一个什么样的人，并且下定决心要成为自己希望中的样子。

于是，她给自己制定了完善的计划，为了能够让自己快速达到目标，她不断地健身以强健体魄，不断地学习以掌握技能本领，并最终在毕业以后顺利拿到了5家大型外企公司的Offer，她最终选择了目前所在的这家企业。之后她从基层做起，努力工作，不断提升自己的能力，薪水和职位也很快得到了提升。尽管在这个过程中，她也遇到了很多的困难，但还是成功地完成了自己的初步目标，成了这家企业的管理人员。而且，非常幸运的是，她在工作中还找到了爱自己的人，现在已经拥有了一个美满的家庭，孩子今年五岁，非常聪明。

说着自己的经历，她还拿出一张全家人的合照对何兰说道："现在太忙了，想他们的时候就会看看这张照片。"从照片上可以看到，那是一个阳光灿烂的日子，马尔代夫清澈的海水碧波荡漾，金黄的沙滩上，笑容满面的一家人，是那样的其乐融融。

最后她说："我的生活很幸福，事业也不错，可是我还是要继续努力，因为这只是我最初的目标，我还有更长远的目标需要实现。"

这一次短暂的旅程让何兰心中感慨万千，她想，飞机落地之后，她要做的第一件事，就是好好想一想自己的理想和目标，然后把人生认真规划一下。

有规划的人生才是幸福而成功的人生，因为有所规划，所以你的一切努力都会有方向，你的一切付出都不会白白浪费。

我们每个人都应该问问自己，是否想过未来自己的样子？又是否为那美好的未来做过些许准备和规划？人生有很多条岔路，如果不花时间给自己画一张地图，如果不静下心来为自己规划一段旅程，那你又怎知应该走向何方、走向何地呢？

想要摆脱浑浑噩噩的生活，想要珍惜人生的每一分钟，让每一次的付出都物有所值，那就赶紧好好想一想，为自己的未来打打算盘、做做计划吧！很多时候，当你感觉前路迷茫，这并不是因为前方无路可走，而是因为你缺乏方向，根本不知该怎么去走。梦想是需要盘算的，幸福也永远离不了规划，多为自己打算一些，你看得越长远，你的未来才能走得越顺畅。

你能承担多大的责任，就能拥有多大的梦想

一个人担负的责任愈大，需要付出的努力就会比别人愈多，如果你想取得一定程度上的成功，那就不能避讳自己身上的责任，甚至要懂得积极主动地去承担起责任。正如一句话所说的："生命的负累也是生命的光荣。"

有这样一个故事：

一艘货轮卸货后在返航的时候，突然遭遇巨大风暴，大家都惊慌失措。

就在这个危急时刻，老船长果断下令："打开所有货舱，立刻往里面灌水。"

往货舱里灌水？水手们惊呆了，这个时候本来就危险，怎么还能往里面灌水呢？险上加险，这不是自己给自己找麻烦吗？不是自找死路吗？

只听，老船长镇定地解释道："大家见过根深干粗的树被暴风刮倒过吗？那些被刮倒的都是没有根基的小树。"

水手们半信半疑地照着做了。

虽然暴风巨浪依旧那么猛烈，但随着货舱里的水越来越高，货轮渐渐地平稳，不再害怕风暴的袭击了。

大家都松了一口气，纷纷请教船长是怎么回事。船长微笑着回答道："一只空木桶很容易被风打翻，如果装满了水，风是吹不倒的。一样的道路，空船是最危险的，给船里加点水，让船负重才是

最安全的。"

空船是最危险的，只有给船加点水，让船负重，那才是最安全的状态。其实，人又何尝不是如此呢？那些心怀大志的人，心头往往压着沉重的责任感，砥砺着人生坚稳的脚步，从岁月和历史的风雨中坚定地走出来。而那些得过且过、空耗时光的人，就像一个没有盛水的空水桶，往往一场人生的风雨就能把他们彻底打翻。

伟大的代价就是责任，生命的负累也是生命的光荣。只有把自己这个"木桶"装得满满的，敢于负重，勇于负重，善于负重，我们才能在这近乎残酷的负重的洗礼下变得更加强大，也才能在大浪淘沙的风暴中处于不败之地。

大学毕业后，白勇和郭良同时进入一家公司做广告设计工作。刚开始，两个人的工作表现没有太大的差别，但不到一年的时间，白勇晋升为主管，郭良却被老板辞退了，为什么会这样呢？

原来在工作中，每次老板给安排额外的任务时，白勇都认为这是表现自己的机会，总是很主动积极，而郭良却老是推诿、逃避工作。于是，老板总是把重要的、难度大的工作交给白勇完成，而把一些无关紧要的工作交给郭良。

白勇因此经常忙得不可开交，郭良却经常无事可做。郭良经常毫不掩饰地嘲笑白勇，"你瞧我，活儿干得少，责任承担得少，日子过得逍遥，工资可不比你少！你说你何必那么拼命呢？真是大傻瓜！"

白勇在工作中愿意承担更多责任，做得多、学得多，成了公司离不开的人；而郭良做得少、学得少，成了多余的人。就这样，两人渐渐地拉开了距离，事业上所取得的成就自然不能等同。

由此可见，一个人担负的责任愈大，需要付出的就比别人更多，这也是许多人不愿意担负重大责任的主要原因。他们不愿意承受比别人多的压力，也不想付出比别人多的时间和精力，所以他们也就无法取得更大的成功。

若你胸怀大志，那么在公司中，当老板交代额外任务给你的时候，你就应该高兴，而不是抱怨，或者拒绝。因为能承担多一份的责任，不仅能够体现出你对工作认真负责的敬业精神，更能让你的能力和素质得到提升，从而让你想要得到的一切都能一一兑现。

真正有成就的工作，从来都不是轻松的、容易的，你所承担的责任越重，你的工作也就越有成就。如果事业舞台是一个圆的话，那么责任心便是这个圆的半径，而一个人能有多大的事业，往往取决于他承担了多少责任。

在不知情的人眼里，杜宏研是一个幸运的人。要不然，她学历一般，能力也不出类拔萃，怎么能在短短三年时间里从人事部文员升到销售经理的位置，而且还一路绿灯呢？只有杜宏研自己清楚，自己的成绩完全是因为对工作负责，一步一步慢慢爬上去的，数不清的艰辛。

刚进这家公司时，大专毕业的杜宏研是一个不起眼的人事文员。在这个部门，学历高、能力强的人才层出不穷，杜宏研自知自己没有什么优势，只有比别人更勤奋。当别人抱怨工作百无聊赖、老板苛刻、业务难做时，她认真履行自己的工作职责，用心搜集、深入了解产品以及主要客户的资料。

一次，办公室主任请病假，留下许多需要紧急处理的工作，经理要求人事部暂时接管工作，但他们都以手头工作很忙为由委婉地推辞掉了，杜宏研认为那份工作必须得有人做，便主动提出暂时由自己接管了。

实际上，杜宏研平时的工作也很忙，也不敢保证能同时处理好两份繁重的工作。但是，对事业的责任感促使着她要努力、努力、再努力！那段时间，她认真地思考怎样提高工作效率，怎样在同一时间尽量成功地完成两份工作，她很快制定了方案，虽然每天忙得不可开交，但她成功地完成了任务。

杜宏研主动承担责任的精神以及她的工作能力，均得到了经理的高度认可和欣赏。后来，公司开设新部门时，经理提拔杜宏研为销售部经理，因为经理知道只有杜宏研这样的人才能承担起重任，这使她的事业和生活上了一个新台阶。

你是不是很羡慕那些在事业上成功的人，羡慕他们总是威风八面，享尽无限风光？但是，你有没有想过，在那些成功人士风光无限的背后，他们同时也担负了比他人更多的责任，付出了常人难以付出的努力和代价。但凡有大成就的人，他们都存在着一个共同的特点，那就是承担了更多的责任。

每个人都应当多考虑一下责任与事业的关系，并时常问问自己："我还能承担什么责任？"承担起更多的责任，并以自己所承担的重任为荣，相信你的工作会得到改观，进而获得更宽广的发展空间。

足够努力，哪怕资质平平也终能与众不同

一个人想要成功，不必有什么天生奇才，重要的是勤能补拙，不断积累、不断提升，就是一种成功。古往今来，凡有大作为者，都有一些共同特质：勤奋务实，行动力强，在生命中的每一个阶段，学习不止，坚持不懈。正是勤奋磨尖了他们才华的刀刃，让他们在知识的海洋中劈波斩浪，从而寻到成功的宝藏。

人确实有聪明和愚钝之分，聪明的人总是轻易就能获得愚钝者需付出百倍努力才能得到的东西。但在这世上，聪明人却不等于成功者，愚钝者身上也未必就打着"失败"的烙印。任何能力都是靠努力修来的，不愿努力的人，就算曾经是天才也会沦为蠢材。愿意努力，就算是笨人也能成为精英。在这个并非尽善尽美的世界上，勤奋会得到补偿，而游手好闲则要受到惩罚。

因为口吃，他从小就不爱在人前说话。他的世界很孤寂，在孤寂的时光里，他爱上了音乐，他发现唱歌比说话更有意思。然而，即便是一个口齿伶俐的人想把歌唱好都不容易，更何况他连话都说不流利，但他心中的渴望早已融进了血液，他发了疯一般拼命练习，终于有一天，动人的歌声从他口中飘了出来，没有一丝的磕绊。

这年，他18岁，在第二季《澳大利亚好声音》中，严重口吃的他凭借动人的嗓音一举夺魁。他叫哈里森·克雷格。

有记者问他成功的秘诀，他说："闷在壶里的水要想出头，就只能让自己沸腾起来，冲开盖子。我只不过是把百分百的热情和努力都

投入了进去，让自己沸腾起来，冲开盖子。"

记者又问："那万一盖子一时冲不开呢？"

他笑了，"让水持续沸腾着，总会把盖子冲开，发出成功的啸叫。"

人的天分有高低之分，但成功却不是由天分来决定的。毕竟在这个世界上，能够取得成功的人未必就一定拥有过人的天分。一个人无论多么聪明，多么有天赋，如果不懂得努力磨练自己，挖掘自己的才能，那么最终的成就也不会很大，有时候甚至比不上那些天分比他低的人。比如古时候有个名叫仲永的小神童，小小年纪就能无师自通地写文赋诗，结果由于父亲眼光短浅，不让其好好学习，反而把他当成赚钱的工具，最终也只得沦为一个平庸的人罢了。

命运从不会故意为难任何一个人，若它给你加上痛苦的盖子，必是期望在降大任于你身上之前，让你在千般历练中完善自己，提升自己。而你激情四溢的心就是火，坚持不懈的行动就是让火越烧越旺的柴，坚持到底，在不懈的努力之下，你必定能让自己沸腾起来，顶开苦难的盖子，而成功就在那里等你。

小时候，小伙伴们唱一两遍就会的歌，他要唱上五六遍；别的同学写三四遍就会的字，他要写七八遍。亲友背后都说他笨，老师也不怎么待见他。而他之所以没在同龄人中落后，源于他深知一个道理：笨鸟先飞早入林！

高考落榜敲碎了他的大学梦，却促成了他的从军梦。在父母依依不舍的目光下，他毅然踏上了开往东北的军列。

新兵下班，由于表现突出，他被分到团卫生队，和他同去的还有一个徐州兵。徐州兵脑子灵活，能说会道，深得领导喜欢。相反，从陕北偏僻农村入伍的他老实木讷，就显得有些默默无闻了。同年兵中就他们两个高中生，二人都有两年后报考军校的打算，而他们单位每年就只有一个名额，也就是说，他们二人中必定有一个要被淘汰出局，他为此一连数夜辗转难眠，认定自己一没身体、二没智力，必然会在竞争中落败，于是打起了退堂鼓。

他在电话中把自己的想法说给了父亲，父亲给他讲了一个故事：

有两只小鸟学飞，体壮的那只很快就飞了起来，体弱的那只使劲扑腾翅膀也无济于事。会飞的小鸟沾沾自喜，骄傲自满，很少再练习；体弱的小鸟知耻后勇，每天练习，飞起摔下，摔下再起，不消沉、不气馁、不间断，慢慢练硬了翅膀。突然一日，暴雨狂风来袭，冲散了它们的小窝，体弱的那只鸟凭借过硬的翅膀冲出风雨获得新生，体壮的那只鸟因为疏于练习翅膀无力，没飞出多远就被狂风卷落在地。

他听明白了父亲的苦心，也知道自己该怎样做了。

他放弃了探亲假，与亲友的联系也少了。别人酣然入梦，他还在挑灯夜读；别人晨梦未醒，他已在训练场上挥汗如雨。周末节假日，徐州兵早上睡个懒觉，中午和老乡天南海北侃大山。而他没有一丝懈怠，在他看来，这正是自己追赶超越对方的绝好机会。冬去春来，秋去冬又来，他一直在不懈努力着。

结果，团里的选拔赛，他以全优的成绩顺利通过，最终又以全团第一的好成绩考取了西安陆军学院。

良机对于懒惰没有用，但勤劳却可以使最平常的机遇变成良机。命运其实是很公平的，它在赋予某些人灵活的头脑时，也让他们沾染了沾沾自喜的恶习。当一个人因自己比别人聪明后就会产生懒惰心理，自以为无论做什么事都胜券在握的时候，失败已经悄悄躲在他们身后了。

　　如果有人说你笨，你可以承认，但不要承认你比别人差。只要你不认输，你就有机会比别人做得更好。天生平凡不要紧，只要你能比别人更努力，吃别人不能吃的苦，忍别人不能忍的气，做别人不能做的事，你就能享受别人所不能享受的成功和荣耀。勤奋是打开成功之门的钥匙，只要你足够勤奋，哪怕资质平平也终究会变得与众不同。

　　在这个世界上，一个人的资质和头脑并不能决定他以后的作为。先天的装备如果缺乏后天的磨练，也只不过是一堆废铁罢了。所以，别忙着自卑，别赶着认输，只管努力去做、努力去拼，其他的就交给天意吧！

成功不容易，但其实也没有那么难

好好想一想，你是否也曾有过这样的情况？面对着一个可能会让你更有发展机会的选择，却因为舍不下自己安稳的工作与生活，最终选择放弃；面对着一个更好的选择，却因为惧怕未知的前方而踌躇不前，最终选择保持现状。你的选择看似十分明智，但事实上真的如此吗？你是否想过，当你选择了这些看得见的安逸与稳定时，你便已经放弃了成功的可能。

接下来给大家揭示一个真相，它可能会令你愤怒："怎么能这样！原来我被欺骗了好多年！"但如果你能感到愤怒，说明你还有药可救。

这个真相就是——成功并不像你想象得那么难，那些渲染出来的关于成功之路的坎坷与痛苦，往往都是披着一件夸张的外衣。成功非常难，这其实只是个谣言。

多年前有个韩国学生也被这个心照不宣的事情欺骗过。后来他去了英国，进了剑桥，学习心理学课程。每天下午茶的时间，他都雷打不动地待在学校的咖啡厅或茶座室里，因为在这里可以听到一些成功人士的谈话，这是个很长见识的事情。这些成功人士包括：诺贝尔奖得主、某一领域的学术权威以及一些创造了经济神话的人，他们幽默风趣、举重若轻，都把自己的成功看得非常自然和水到渠成。时间一长这个学生心里就有想法了：

想当年在韩国是不是被那些家伙给骗了？那些成功人士不知出于

什么心理，普遍把自己创业时的艰辛程度夸大了，也就是说，他们是不是在用自己杜撰的成功经历吓唬那些还没有成功的人？

作为心理系的学生，他认为很有必要对那些家伙的心态做一个研究。接下来，他把《成功并不像你想像的那么难》作为毕业论文，提交给了现代经济心理学创始人威尔·布雷登教授。威尔·布雷登教授看过以后甚是惊喜，这不能说是一个新发现，这种现象在东方甚至在世界各地早已普遍存在，但在此之前，还没有一个人敢把它大胆提出来并加以研究，他是第一个。惊喜之余，教授写信给自己的剑桥校友——当时韩国政坛的第一人朴正熙，他在信中说："我不敢说这部著作对你的政绩有多大帮助，但它肯定比你的任何一个政令都能产生震动。"

后来这部书果然和韩国经济一起腾飞了。它鼓舞了许多人，因为它从一个新的角度告诉人们：成功与否并不取决于困难的多少，只要你对某件事感兴趣并且在这方面不是白痴，那么投入精力坚持下去就能得偿所愿，因为上帝赋予你的时间和智慧足够你圆满地做完一件事情。后来，这位青年也获得了成功，他成了韩国泛业汽车公司的总裁。

这就是关于成功的一个真相。成功与成功人士一直渲染的"上刀山下火海""九九八十一难""山路十八弯"不存在必然的联系，成功过程的感受也并非如炼狱般痛苦不堪。事实上，很多事情我们做不到，不是因为它太难我们做不到，而是因为我们不敢做它才变难的。

在你没有看到这篇文章之前，你也许和包括之前的我在内的很多人一样，固执地认为成功只是强悍者、卓越者，或者天生非凡者才能够做到的事情。换句话说，一直以来我们就在骨子里唯唯诺诺地不肯承认自己，总觉得自己不配拥有高档的生活。

听上去很不可思议对不对？是啊，毕竟从人性的角度上说，极少有人愿意甘于平凡，谁不希望拥有惊天动地的作为和荣誉呢？既然如此，可能有人会问了：那你怎么说我们在骨子里唯唯诺诺地不肯承认自己呢？其实这并不矛盾，确实，每个人心中都有着对成功的向往，但之所以有那么多人没有真正体验过一次成功的滋味，很多时候是因为心中的恐惧在作祟，我们被所谓成功的难度吓倒了，还没动手，就已投降，宁愿不高不低、不痛不痒地过着所谓的安逸生活，也不愿意花些力气冒些风险去做那"可望不可及"的事情。

其实人生中的许多事，只要不胆怯，想做，我们都能做到。该克服的困难就去克服，想克服就能克服，根本不需要那么多的心机或谋略，只要你仍旧契合实际又激情四溢地努力着，终会发现，努力过后，很多事情的成功都是自然而然的。

所以别再把人生想得那么难，人生需要几分自我的鼓励，不管在什么时候，都要有几分信念和信心。最起码你要相信自己，相信自己配得上无比美好的未来，这肯定没有你想象中那么难，只要你肯敲门、肯尝试、肯努力！

在这个世界上，相对于平庸者而言，成功者的确是少数，但相对于天才来说，成功者的数目则要翻上好几番了。看看那些取得成功的人，又有谁拥有三头六臂呢？他们之中有很多人都和我们一样，如此普通、如此平凡。不同的是，他们都拥有着超凡的勇气，拥有敢于尝试的信心。于是，他们勇敢地踏上了成功的征途，成了人生的勇者与王者。

成功确实不容易，但也未必就真的有那么难。别被那些关于成功的传说与谣言所欺骗，不要将挡在成功路上的野猪错当成会喷火的恶龙。你只需鼓足勇气，举起佩剑，就能如别人那般披荆斩棘，奔向理想的彼岸。

恐惧是成长的契机，正如蝙蝠成就蝙蝠侠

每个人的内心都存在着恐惧，恐惧的实质其实就是对自己的不放心、不把握、不了解，简言之就是不自信。因为不自信，所以对于那些即将到来的未知感到恐惧，担心有危险，担心失败，所以迟疑、犹豫、畏葸不前。可以说，我们害怕的并不是事物本身，而是自身的感觉。

美国DC漫画旗下最受欢迎的超级英雄莫过于蝙蝠侠布鲁斯·韦恩。相信就算不是超级英雄迷，对蝙蝠侠的形象，你也绝对不会陌生。他身披黑色斗篷，是令罪犯闻风丧胆的黑暗骑士，蝙蝠是他的象征，同时也是他的标志。每当他张开双臂，巨大的黑色斗篷展开在夜幕下，在罪犯面前从天而降时，就仿佛一只巨大的蝙蝠朝你冲了过来……

如果你不是超级英雄迷，那我想你一定不知道，蝙蝠其实是蝙蝠侠最惧怕的动物。是不是很奇怪？一个人为什么会把自己所恐惧的东西变为自己的标志，让它一直如影随形呢？人难道不是应该远离自己害怕的东西，亲近自己喜欢的东西才对吗？

在电影《蝙蝠侠：黑暗骑士》中，布鲁斯·韦恩给出了答案，他说："我最害怕蝙蝠，所以我选蝙蝠，让敌人害怕我。"

一个能够让自己的恐惧为自己所用的人，世上还有什么事情难得倒他呢？这就是为什么我们只是普普通通的我们，而布鲁斯·韦恩却能成为蝙蝠侠。

大部分人在面对恐怖的事物时，第一反应往往是选择逃避，久而久之便形成了懦弱的性格。不论做什么，但凡遭遇一点困难，首先想的就是如何回避，而不是如何解决、如何征服，这样的人永远不可能成功，因为他们不敢尝试，害怕失败。

战胜恐惧，是一个从无到有的过程。有时候，你害怕的那种失败和难堪也许根本就不存在，而你只要能迈出这一步，就一定会得到实实在在的经验和勇气。人生中的任何事都值得你去尝试，任何失败都值得你欣然接受，每克服一次恐惧，就能证明你的心灵比过去更加强大一些，你离成功也就更近一步。

贾至是个腼腆内向的男孩，今年刚刚考上高中，比起那些意气风发的同龄人，他觉得自己的生活暗淡无光。他没有特别好的成绩，上这所高中还是靠姑妈的关系；他的外表有些土气，吸引不了异性；他身材瘦小，不像其他男生那样能在运动场上尽情地打篮球、踢足球；这样的男生倘若会艺术，也能吸引人，偏偏他对艺术也一窍不通。

有一天，他因为一些小事和班上的一个男生大打出手，那个男生是班里的"霸王"，仗势欺人，贾至打不过他，对男生来说，跟老师打小报告又是最丢脸的事。回到家后，贾至大哭了一场，决心一定要改变自己。

贾至想了个别出心裁的法子，他在纸上列了一份"恐惧清单"，把自己害怕的事全都写在上面，包括"向数学老师问某个定理""和前桌的女孩说一句话""买一个篮球""画一幅画"等不起眼的小事，这全是他平日里不敢做的，他按照难易程度标出顺序，他对自己说："每一天，我都要去做一件自己不敢做的事。"

果然，从第二天开始，他就陆陆续续开始向清单上列出的事情发出"挑战"了。

　　他主动在课堂上回答老师的问题，虽然答错了，引得哄堂大笑，但这件事似乎没有他想象中的那么困难；他和前桌的女孩说了一句话，得到了友好的回应，他的心跳得很快，但这好像也挺容易的；他攒下零花钱买了篮球，虽然依旧投篮不准，但他发现自己运球时非常灵活；他画了一幅画，确实很难看，配色也十分奇怪，但他觉得自己还有进步的空间……

　　在做这些事情的时候，贾至发现，他的生活发生了极大的变化，那些曾让他害怕的事，真正做了，才发现没那么可怕，而且每做一件事，他都会有新的收获：他发现老师记住了他的名字；他发现他也会讲笑话逗女生开心了；他发现他也可以加入篮球队；他发现画画很丑的人不止他一个……贾至终于明白，自己害怕的其实是失败，只要不怕失败，任何事都可以尝试。

　　真正的勇者不是无所畏惧，而是敢于向自己的恐惧发出挑战。就像布鲁斯·韦恩的恐惧是蝙蝠，而当他战胜这种恐惧的时候，蝙蝠成就了蝙蝠侠。男孩贾至同样如此，他对生活充满了恐惧，这些恐惧把他困在狭小的空间里，让他无法进步、无法成长。而当他直面这些恐惧，并向它们一一发出挑战的时候，便主动打破了由恐惧构筑的围墙，让生活有了无限的突破与可能。

　　在成长的过程中，每个人都或多或少会有学习新事物的经历，比如学习骑车、学习游泳等，但凡是学会的人都知道，理论讲得再多也没用，想骑车，直接上车去蹬，多摔几次就学会了；想游泳，直接跳进水里去扑腾，多灌几口水也学会了。而那些迄今为止还对自行车和游泳感到恐惧的人，只有一个原因：摔了一次不想再摔，喝了几口水不想再喝，他们战胜不了恐惧，自然也就没有用自行车代步的便利，没有在大江大河中畅游的自在。

　　所以，当你对现状感到不满，当你想要打破生活的桎梏却不知如何下手时，不如试着给自己列一份"恐惧清单"，向那些令人恐惧不已的事情发出挑战。从简单的开始，再向复杂的进攻，越是害怕就越要尝试。当你真的去做时，你会发现，恐惧其实只是你内心的感觉，而在克服这些恐惧的过程中，你将获得前所未有的进步与成长。